Numerische technische Optimierung

Andreas Öchsner • Resam Makvandi

Numerische technische Optimierung

Anwendung des Computeralgebrasystems
Maxima

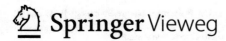 Springer Vieweg

Andreas Öchsner
Fakultät für Maschinen und Systeme
Hochschule Esslingen
Esslingen am Neckar, Deutschland

Resam Makvandi
Institut für Mechanik
Otto von Guericke University Magdeburg
Magdeburg, Deutschland

ISBN 978-3-031-15014-2   ISBN 978-3-031-15015-9 (eBook)
https://doi.org/10.1007/978-3-031-15015-9

Die Deutsche Nationalbibliothek verzeichnet diese Publikation in der Deutschen Nationalbibliografie;
detaillierte bibliografische Daten sind im Internet über http://dnb.d-nb.de abrufbar.

Springer Vieweg

Plannung/Lektorat: Axel Garbers
Springer Vieweg ist ein Imprint der eingetragenen Gesellschaft Springer Nature Switzerland AG und ist
ein Teil von Springer Nature.
Die Anschrift der Gesellschaft ist: Gewerbestrasse 11, 6330 Cham, Switzerland

Vorwort

Dieses Buch ist als Lernhilfe für numerische Optimierungsverfahren in Bachelor sowie postgradualen Studiengängen des Maschinenbaus an Universitäten gedacht. Solche Verfahren werden im Kontext des Leichtbaus immer wichtiger, da eine Gewichtsreduzierung z. B. in der Automobil- oder Luft- und Raumfahrtindustrie direkt zu einem geringeren Kraftstoffverbrauch und damit zu einer Senkung der Betriebskosten sowie zu positiven Auswirkungen auf die Umwelt führen kann. Basierend auf dem freien Computeralgebrasystem Maxima bieten wir Routinen zur numerischen Lösung von Problemen aus dem Kontext der Ingenieurmathematik sowie Anwendungen aus den klassischen Lehrveranstaltungen der Festigkeitslehre. Die mechanischen Theorien konzentrieren sich auf die klassischen eindimensionalen Strukturelemente, d. h. Federn, Stäbe und Euler-Bernoulli-Balken. Die Fokussierung auf einfache Strukturelemente reduziert die Komplexität des numerischen Ansatzes, und der resultierende Entwurfsraum ist auf eine geringe Anzahl von Variablen beschränkt. Die Verwendung eines Computeralgebrasystems und der darin enthaltenen Funktionen, z. B. für Ableitungen oder Gleichungslösungen, erlaubt es, sich mehr auf die Methodik der Optimierungsverfahren zu konzentrieren und nicht auf die Standardverfahren. Einige der vorgestellten Beispiele sollten zum besseren Verständnis der Computerimplementierung auch in einem grafischen Ansatz auf der Basis der Zielfunktion und des entsprechenden Designraums gelöst werden.

Wir freuen uns auf Kommentare und Vorschläge für die nächste Ausgabe dieses Lehrbuchs.

Esslingen am Neckar, Deutschland   Andreas Öchsner
Magdeburg, Deutschland   Resam Makvandi
Dezember 2019

Inhaltsverzeichnis

Kapitel 1
Einführung

Zusammenfassung Dieses Kapitel führt kurz in den Kontext mathematischer Optimierungsprobleme ein. Die grundlegende mathematische Notation wird erläutert und die Grundidee eines numerischen Optimierungsproblems wird skizziert. Der zweite Teil fasst einige Grundoperationen des Computeralgebrasystems Maxima zusammen, sowie die Internetlinks zum Herunterladen der Software. Die exemplarisch behandelten Themen sind grundlegende Arithmetik, Definition von Variablen und Funktionen usw. Für eine umfassende Einführung wird der Leser auf die verfügbare Literatur verwiesen.

1.1 Optimierungsprobleme

Die allgemeine Problemstellung eines numerischen Optimierungsverfahrens [9] ist die Minimierung der Zielfunktion F, z. B. das Gewicht einer mechanischen Struktur oder die Kosten eines Projektes,

$$F(\boldsymbol{X}) = F(X_1, X_2, X_3, \ldots, X_n), \tag{1.1}$$

vorbehaltlich der folgenden Beschränkungen

$$g_j(\boldsymbol{X}) \leq 0 \qquad j = 1, m \qquad \text{Ungleichheitsbeschränkungen}, \tag{1.2}$$

$$h_k(\boldsymbol{X}) = 0 \qquad k = 1, l \qquad \text{Gleichheitsbeschränkungen}, \tag{1.3}$$

$$X_i^{\min} \leq X_i \leq X_i^{\max} \qquad i = 1, n \qquad \text{Randbeschränkungen}, \tag{1.4}$$

wobei die Spaltenmatrix der Entwurfsvariablen, z. B. der geometrischen Abmessungen einer mechanischen Struktur, durch gegeben ist:

A. Öchsner, R. Makvandi, *Numerische technische Optimierung*,
https://doi.org/10.1007/978-3-031-15015-9_1

$$X = \left\{ \begin{array}{c} X_1 \\ X_2 \\ X_3 \\ \vdots \\ X_n \end{array} \right\}. \qquad (1.5)$$

Im Falle einer eindimensionalen Zielfunktion, d. h. $\mathbf{X} \rightarrow X$, erhalten wir die folgenden Gleichungen:

$$F(X) \qquad\qquad\qquad \text{Zielfunktion,} \qquad\qquad\qquad (1.6)$$

$$g_j(X) \leq 0 \qquad j = 1, m \qquad \text{Ungleichheitsbeschränkungen,} \qquad (1.7)$$

$$h_k(X) = 0 \qquad k = 1, l \qquad \text{Gleichheitsbeschränkungen,} \qquad (1.8)$$

$$X^{\min} \leq X \leq X^{\max} \qquad\qquad \text{Randbeschränkungen.} \qquad\qquad (1.9)$$

Um verschiedene numerische Verfahren zum Auffinden des Minimums der Zielfunktion einzuführen, betrachten wir zunächst ungebundene eindimensionale Zielfunktionen (siehe Kap. 2), d. h. das Auffinden des Minimums der Zielfunktion $F(X)$ in bestimmten Grenzen, d. h. $[X^{\min} \leq X_{\text{extr}} \leq X^{\max}]$. Die Berücksichtigung von Ungleichheits- ($g_i \leq 0$) und Gleichheits- ($h_k = 0$) beschränkungen kommt dann in Kap. 3 hinzu. Diese eindimensionalen Strategien werden dann auf *n-dimensionale* ungebundene Probleme verallgemeinert (siehe Kap. 4) und dann schließlich als beschränkte Probleme (siehe Kap. 5) betrachtet. Mit diesem Buch verfolgen wir einen pädagogischen Ansatz, d. h. wir kombinieren die ingenieurwissenschaftlichen Grundlagen mit Maxima, das wir zuerst im Rahmen der Finite-Elemente-Methode eingeführt haben, siehe [7, 8].

1.2   Maxima – Ein Computer-Algebra-System

Das Computeralgebrasystem Maxima wurde ursprünglich in den späten 1960er- und frühen 1970er-Jahren am MIT unter dem Namen „Macsyma" entwickelt. Die historische Entwicklung ist in dem Artikel von Moses [4] hervorragend zusammengefasst. Im Vergleich zu vielen kommerziellen Alternativen wie Maple, Matlab oder Mathematica wird Maxima unter der GNU General Public License (GPL) vertrieben und ist somit eine freie Software. Darüber hinaus wird im Folgenden empfohlen, die grafische Benutzeroberfläche (GUI) von wxMaxima zu verwenden, die ebenfalls unter der GNU GPL vertrieben wird. Die in den folgenden Kapiteln verwendeten Routinen sind für diese GUI optimiert. Beide Programme können über die Links in Tab. 1.1 heruntergeladen werden.

Im Folgenden werden einige grundlegende Operationen in Maxima ohne Anspruch auf Vollständigkeit erläutert. Der interessierte Leser kann an anderer Stelle weitere Links und Beispiele finden, um die Funktionalität von Maxima zu

Tab. 1.1 Links zum
Herunterladen der
Installationspakete

Programm	Link
Maxima	http://maxima.sourceforge.net/download.html
wxMaxima	http://andrejv.github.io/wxmaxima/

erlernen [1–3]. Besonders erwähnenswert ist die Webseite ‚Maxima by Example'
von Woollett [10]. Beginnen wir nun mit den Grundrechenarten, wie sie im folgenden Listing 1.1 skizziert sind.

```
Grundrechenarten: +, −, *, /

(% i1)    1 + 2;
(% o1)    3


(% i2)    1 - 2;
(% o2)    -1


(% i3)    1 * 2;
(% o3)    2


(% i4)    1 / 2;
(% o4)    ½
```

Listing 1.1 Grundrechenarten

Aus dem obigen Beispiel ist ersichtlich, dass alle in Maxima eingegebenen
Ausdrücke mit einem Semikolon ‚;' enden müssen. Alternativ kann das ‚$'-Zeichen
am Ende einer Anweisung verwendet werden, um die Ausgabe dieser Zeile zu
unterdrücken. Einige vordefinierte Funktionen in Maxima sind in Tab. 1.2 zusam-
mengestellt. Dabei ist zu beachten, dass die Argumente der trigonometrischen
Funktionen in Bogenmaß angegeben werden müssen.

Ein weiteres Merkmal ist, dass Maxima versucht, symbolische Ergebnisse zu
liefern, die Brüche, Quadratwurzeln usw. enthalten. Die Funktion float(...) kann
verwendet werden, um eine Fließkommadarstellung zu erhalten, wie im folgenden
Listing 1.2 gezeigt. Das letzte Ergebnis kann mit dem Prozentoperator (%) abgeru-
fen werden.

Tab. 1.2 Einige vordefinierte
Funktionen in Maxima

Befehl	Bedeutung	Befehl	Bedeutung
sqrt(...)	Quadratwurzel	sin(...)	Sinus
exp(...)	Exponentialfunktion	cos(...)	Kosinus
log(...)	Natürlicher Logarithmus	tan(...)	Tangens
abs(...)	Absoluter Wert	cot(...)	Kotangens

```
(% i1)      1/2;
(% o1)      ½
```

```
(% i2)      float(%);
(% o2)      0.5
```

```
(% i3)      float(1/2);
(% o3)      0.5
```

Listing 1.2 Verwendung der Funktion float (...)

Der Wert einer Variablen wird durch einen Doppelpunkt „:' eingegeben, siehe die folgende Auflistung 1.3. Um einen Wert aus einer zugewiesenen Variable zu löschen, wird der Befehl kill(...) oder für alle Variablen kill(all) verwendet.

```
Definition von Variablen und Berechnungen:

(% i2)      a: 3;
            b: 4;

(a)         3
(b)         4

(% i3)      c: a + b;

(c)         7
```

Listing 1.3 Definition von Variablen

Einige vordefinierte Konstanten in Maxima sind „%e" (d. h. die Basis des natürlichen Logarithmus; e = 2,718281...), „%pi" (d. h. das Verhältnis des Umfangs eines Kreises zu seinem Durchmesser; π = 3,141592 ...) und „%i" (d. h. die imaginäre Einheit; $\sqrt{-1}$).

Eine Funktion wird durch die Verwendung eines Doppelpunkts, gefolgt von dem Gleichheitszeichen „: = ', definiert, siehe folgendes Listing 1.4. Bei der Benennung von Variablen und Funktionen ist zu beachten, dass die Namen mit einem Buchstaben beginnen müssen und Zahlen oder sogar einen Unterstrich enthalten können. Die folgende Art, eine Funktion zu definieren, verwendet die allgemeine Struktur

$$f(x) := (\exp r1, \quad \exp r2, \quad \ldots, \quad \exp rn),$$

wobei der Wert von exprn von der Funktion $f(x)$ zurückgegeben wird.

```
Zweck: Berechnung der Summe zweier Zahlen.
Input(s): Werte a und b.
Output: Summe von a und b gespeichert in Variable c

(% i1)      kill(all)$
(% i1)      summation(a,b) := a+b $
(% i3)      a:3 $
            b:5 $
(% i4)      c : summation(a,b);

(c)         8
```

Listing 1.4 Definition einer Funktion

Das folgende Beispiel (siehe Listing 1.5) zeigt die Definition einer Funktion unter Berücksichtigung einer Blockstruktur. Die Blockstruktur ermöglicht die Rückgabe von einem Ausdruck innerhalb der Funktion, die Rückgabe mehrerer Werte und die Einführung lokaler Variablen.

```
Zweck: Berechnet die Länge einer Geraden zwischen zwei Punkten.
Input(s): Koordinaten der Endpunkte.
Output(s): Länge der Linie, die die Punkte verbindet.

⟶      LineLength(ncoor):=
       block([x1,x2,y1,y2,x21,y21,L,LL],
       [[x1,y1],[x2,y2]] : ncoor,
       [x21,y21] : [x2-x1,y2-y1],
       LL : (x21^2+y21^2),
       L : sqrt(LL),
       return(L)
       )$


⟶      LineLength([[0,0],[1,1]]);

(% o2)    √2
```

Listing 1.5 Definition einer Funktion unter Berücksichtigung einer Blockstruktur

Als nächstes sei der Befehl ratsimp(. . .) erwähnt, der es ermöglicht, algebraische Ausdrücke zu vereinfachen.[1] Das folgende Listing 1.6 illustriert die Vereinfachung der Ausdrücke

---

[1] Weitere Befehle zur Manipulation von algebraischen Ausdrücken finden Sie in den Referenzen auf der Webseite [3].

Manipulation algebraischer Ausdrücke:

(% i2)   f1: 2*x^2+(x-1)^2$
          f2: (x^2+4*x-3*x^2+1)/((x-1)^2-1+2*x)$

(% i3)   ratsimp(f1);

(% o3) $3x^2 - 2x + 1$

(% i4)   ratsimp(f2);

(% o4) $-\frac{2x^2-4x-1}{x^2}$

Listing 1.6 Manipulation und Vereinfachung algebraischer Ausdrücke

$$f_1(x) = 2x^2 + (x-1)^2, \tag{1.10}$$

$$f_2(x) = \frac{x^2 + 4x - 3x^2 + 1}{(x-1)^2 - 1 + 2x}. \tag{1.11}$$

Matrixoperationen und die entsprechende Lösung von linearen Gleichungssystemen in Matrixform sind im Rahmen der Ingenieurmathematik von größter Bedeutung. Das folgende Listing 1.7 veranschaulicht das Lösungsverfahren für ein lineares Gleichungssystem [6]:

$$\begin{bmatrix} \dfrac{15AE}{L} & -\dfrac{6AE}{L} & 0 \\ -\dfrac{6AE}{L} & \dfrac{9AE}{L} & -\dfrac{3AE}{L} \\ 0 & -\dfrac{3AE}{L} & \dfrac{3AE}{L} \end{bmatrix} \begin{bmatrix} x_1 \\ x_2 \\ x_3 \end{bmatrix} = \begin{bmatrix} 0 \\ 0 \\ F_0 \end{bmatrix}. \tag{1.12}$$

Laden Sie die Bibliothek mbe5.mac, die Routinen für Matrixoperationen enthält (optional, je nach Installation)

(% i1)
/*load("mbe5.mac")$*/

display2d:true$

Definition der Koeffizientenmatrix Ac

(% i4)   Ac : 3*E*A/L*Matrix([5,-2,0],[-2,3,-1],[0,-1,1])$

drucken(" ")$
print(" ", "Ac =", Ac)$

$$Ac = \begin{bmatrix} \dfrac{15\,AE}{L} & -\dfrac{6\,AE}{L} & 0 \\[2ex] -\dfrac{6\,AE}{L} & \dfrac{9\,AE}{L} & -\dfrac{3\,AE}{L} \\[2ex] 0 & -\dfrac{3\,AE}{L} & \dfrac{3\,AE}{L} \end{bmatrix}$$

Berechnung der Inversen A_inv der Koeffizientenmatrix

Ac (% i7) A_inv : invert(Ac)$

drucken(" ")$
print(" ", "A_inv =", A_inv)$

$$A\_inv = \begin{bmatrix} \dfrac{L}{9\,AE} & \dfrac{L}{9\,AE} & \dfrac{L}{9\,AE} \\[2ex] \dfrac{L}{9\,AE} & \dfrac{5L}{18\,AE} & \dfrac{5L}{18\,AE} \\[2ex] \dfrac{L}{9\,AE} & \dfrac{5L}{18\,AE} & \dfrac{11L}{18\,AE} \end{bmatrix}$$

Definition der rechten Seite, d. h. des Lastvektors

(Spaltenmatrix) (% i10)   rhs : Matrix([0],[0],[F_0])$

drucken(" ")$
print(" ", "rhs =", rhs)$

$$rhs = \begin{bmatrix} 0 \\ 0 \\ F_0 \end{bmatrix}$$

Listing 1.7 Lösung eines linearen Gleichungssystems in Matrixform

Lösung des Systems, d. h. Multiplikation der Umkehrung mit der rechten

Seite (% i13)   x_sol : A_inv . rhs$

```
drucken(" ")$
print(" ", "x_sol =", x_sol)$
```

$$x\_sol = \begin{bmatrix} \dfrac{F_0 L}{9AE} \\ \dfrac{5F_0 L}{18AE} \\ \dfrac{11F_0 L}{18AE} \end{bmatrix}$$

Zugriff auf einzelne Elemente des Lösungsvektors

```
(% i16)    drucken(" ")$
           print("Elemente des Lösungsvektors:")$
           for i:1 thru length(x_sol) do(
               print(" "),
               print(" ", concat('x_sol_,i), "=",
           args(x_sol)[i])
           )$
```

Elemente des Lösungsvektors:

$$x\_sol_1 = \begin{bmatrix} \dfrac{F_0 L}{9AE} \end{bmatrix}$$

$$x\_sol_2 = \begin{bmatrix} \dfrac{5F_0 L}{18AE} \end{bmatrix}$$

$$x\_sol_3 = \begin{bmatrix} \dfrac{11F_0 L}{18AE} \end{bmatrix}$$

Listing 1.7 (Fortsetzung)

Das folgende Beispiel (siehe Listing 1.8) zeigt die symbolische Integration von Integralen. Die Aufgabe besteht darin, die Integrale zu berechnen

$$\int_0^{\frac{L}{2}} \frac{(M_1(x))^2}{2EI_1(x)} \, dx, \tag{1.13}$$

$$\int_0^{\frac{L}{2}} \frac{16}{25} \, \varrho(d_1(x))^2 dx, \tag{1.14}$$

Definitionen:

(%i4)
```
assume(L>0)$
M_1(x) := 3*F_0*L/4*(1-2*x/(3*L))$
d_1(x) := d_0*(1-2*x/(3*L))^(1/3)$
I_1(x):=136/1875*d_1(x)^4$
```

Auswertung der Integrale:

(%i16)
```
simp : false$ /* disables automatic simplifications */
fpprintprec : 6$ /* float numbers precision (only for printing) */

P_1 : 'integrate(M_1(x)^2/(2*E*I_1(x)),x,0,L/2)$

P_2 : ev(integrate(M_1(x)^2/(2*E*I_1(x)),x,0,L/2),simp)$
     /* ev(ex,simp) : selective simplification */
P_3 : ev(float(P_2),simp)$

M_1 : 'integrate(rho*16/25*d_1(x)^2,x,0,L/2)$

M_2 : ev(integrate(rho*16/25*d_1(x)^2,x,0,L/2),simp)$

M_3 : ev(float(M_2),simp)$

print(" ")$
print(P_1,"=",P_2,"=",P_3)$
print(" ")$
print(M_1,"=",M_2,"=",M_3)$
```

$$\int_0^{\frac{L}{2}} \frac{\left(\frac{3F_0L}{4}\left(1-\frac{2x}{3L}\right)\right)^2}{2E\left(\frac{136}{1875}\left(d_0\left(1-\frac{2x}{3L}\right)^{\frac{1}{3}}\right)^4\right)}\,dx = \frac{16875 F_0{}^2 L^2 \left(\frac{9L}{10} - \frac{2^{\frac{2}{3}} 3^{\frac{1}{3}} L}{5}\right)}{4352 E\, d_0{}^4} = \frac{1.71431 F_0{}^2 L^3}{E\, d_0{}^4}$$

$$\int_0^{\frac{L}{2}} \frac{\varrho 16}{25}\left(d_0\left(1-\frac{2x}{3L}\right)^{\frac{1}{3}}\right)^2 dx = \frac{16\left(\frac{9L}{10} - \frac{2^{\frac{2}{3}} 3^{\frac{1}{3}} L}{5}\right) d_0{}^2 \varrho}{25} = 0.282953 L\, d_0{}^2 \varrho$$

Listing 1.8 Symbolische Integration von Integralen

wobei die Funktionen wie folgt gegeben sind:

$$M_1(x) = \frac{3F_0L}{4}\left(1 - \frac{2x}{3L}\right), \tag{1.15}$$

$$d_1(x) = d_0\left(1 - \frac{2x}{3L}\right)^{\frac{1}{3}},$$
(1.16)

$$I_1(x) = \frac{136}{1875}\left(d_1(x)\right)^4.$$
(1.17)

Das folgende Beispiel (siehe Listing 1.9) zeigt die symbolische Ableitung von Funktionen. Die Aufgabe ist die Berechnung der Ableitung erster und zweiter Ordnung der Funktion

$$f(x) = 0{,}05 \times (3 - x)^4 + 1.$$
(1.18)

Definitionen:

(%i2)   fpprintprec : 6$ /* float numbers precision (only for printing) */
         f(x) := 0.05*(3-x)^4+1$

Auswertung der Ableitungen:

(%i9)   symb_df : 'diff(f(x),x,1)$
         symb_ddf : 'diff(f(x),x,2)$

         df : diff(f(x),x,1)$
         ddf : diff(f(x),x,2)$

         print(" ")$
         print(symb_df,"=",df)$
         print(symb_ddf,"=",ddf)$

$$\frac{\mathrm{d}}{\mathrm{d}x}\left(0.05(3 - x)^4 + 1\right) = -0.2(3 - x)^3$$

$$\frac{\mathrm{d}^2}{\mathrm{d}x^2}\left(0.05(3 - x)^4 + 1\right) = 0.6(3 - x)^2$$

Listing 1.9 Symbolische Ableitung von Funktionen

Im Rahmen von Optimierungsverfahren ist die Berechnung des Gradientenoperators (siehe Gl. 4.1) und der Hesse-Matrix (siehe Gl. 4.2) für Verfahren erster bzw. zweiter Ordnung erforderlich. Das folgende Beispiel (siehe Listing 1.10) zeigt die symbolische Ableitung des Gradientenoperators und der Hesse-Matrix für die Funktion

$$f(x, y, z) = x^3 + \frac{1}{x} + y + \frac{1}{y} - z^4.$$
(1.19)

Definitionen:

(%i2)   load("my_funs.mac")$
           f(x,y,z) := x^3 + (1/x) + y + (1/y) - z^4$

Auswertung des Gradienten und der Hesse-Matrix:

(%i10)   grad_f : gradient(f(x,y,z), [x,y,z])$
           hess_f : hessian(f(x,y,z), [x,y,z])$

           print(" ")$
           print(" Gradient of f(x,y,z):")$
           print(" ", grad_f)$
           print(" ")$
           print(" Hessian of f(x,y,z):")$
           print(" ", hess_f)$

Gradient von f(x,y,z):

$$[3x^2 - \frac{1}{x^2}, 1 - \frac{1}{y^2}, -4z^3]$$

Hesse-Matrix von f(x,y,z):

$$\begin{pmatrix} 6x + \dfrac{2}{x^3} & 0 & 0 \\ 0 & \dfrac{2}{y^3} & 0 \\ 0 & 0 & -12z^2 \end{pmatrix}$$

Listing 1.10 Symbolische Ableitung des Gradientenoperators und der Hesse-Matrix für die Funktion (1.19)

Am Ende dieses Abschnitts wird die Funktionalität zur allgemeinen Lösung von Differenzialgleichungen gezeigt. Dies ermöglicht die Ableitung allgemeiner Lösungen für Stäbe, Euler-Bernoulli-Balken oder Timoshenko-Balken, siehe [5]. Auf diese Weise können numerische Lösungen auf der Grundlage des Finite-Elemente-Ansatzes mit der analytischen, d. h. exakten Lösung für einfache Probleme verglichen werden. Die verschiedenen Differenzialgleichungen sind in den folgenden Listings 1.11, 1.12, 1.13 für konstante Material- und Geometrieeigenschaften angegeben. Wir erhalten für Stäbe

$$EA\frac{\mathrm{d}^2 u_x(x)}{\mathrm{d}x^2} = -p_x, \tag{1.20}$$

Lösung der DGL für Stab mit konstanter Zugsteifigkeit (EA) und konstanter Streckenlast p; Befehl odeL benötigt das Laden des Pakets odes.mac:

```
(%i9)      load("odes.mac")$

           bar : EA*'diff(u,x,2) = -p$
           gen_sol : odeL(bar,u,x)$

           print(" ")$
           print("The differential equation:")$
           print(" ", bar)$
           print(" ")$
           print("The general solution:")$
           print(" ", gen_sol)$
```

Die Differenzialgleichung:

$$EA\left(\frac{\mathrm{d}^2}{\mathrm{d}x^2}u\right) = -p$$

Die allgemeine Lösung:

$$u = -\frac{p\,x^2}{2EA} + C2x + C1$$

Listing 1.11 Allgemeine Lösung von Differenzialgleichungen: Stab, siehe Gl. (1.20)

Lösung der DGL für EB-Balken mit konstanter Biegesteifigkeit (EI) und konstanter
Streckenlast q; Befehl odeL benötigt das Laden des Pakets odes.mac:

```
(%i9)      load("odes.mac")$

           Ebeam : EI*'diff(u,x,4) = q$
           gen_sol : odeL(Ebeam,u,x)$

           print(" ")$
           print("The differential equation:")$
           print(" ", Ebeam)$
           print(" ")$
           print("The general solution:")$
           print(" ", gen_sol)$
```

Die Differenzialgleichung:

$$EI\left(\frac{\mathrm{d}^4}{\mathrm{d}x^4}u\right) = q$$

Die allgemeine Lösung:

$$u = \frac{q\,x^4}{24EI} + C4\,x^3 + C3\,x^2 + C2x + C1$$

Listing 1.12 Allgemeine Lösung von Differenzialgleichungen: Euler-Bernoulli-Balken, siehe Gl. (1.21)

Lösung der gekoppelten DGLN für Timoshenko-Balken für kAG, EI, q, m = const.:

```
(%i14)    eqn_1: -kAG*'diff(u(x),x,2) = q+kAG*'diff(phi(x),x)$
          eqn_2: -kAG*'diff(u(x),x) = -m-EI*'diff(phi(x),x,2)+kAG*phi(x)$

          sol : desolve([eqn_1, eqn_2], [u(x),phi(x)])$

          print(" ")$
          print("Equations:")$
          print(" ", eqn_1)$
          print(" ")$
          print(" ", eqn_2)$
          print(" ")$
          print(" ")$
          print("Solutions:")$
          print(ratsimp(sol[1]))$
          print(" ")$
          print(ratsimp(sol[2]))$
```

Die Differenzialgleichungen:

$$-kAG \left(\frac{\mathrm{d}^2}{\mathrm{d}x^2} \mathrm{u}(x) \right) = kAG \left(\frac{\mathrm{d}}{\mathrm{d}x} phi(x) \right) + q$$

$$-kAG \left(\frac{\mathrm{d}}{\mathrm{d}x} \mathrm{u}(x) \right) = -EI \left(\frac{\mathrm{d}^2}{\mathrm{d}x^2} \phi(x) \right) + kAG \, \phi(x) - m$$

Die allgemeine Lösungen:

$$\mathrm{u}(x) = -\frac{\left(4kAG^2 \, x^3 - 24EI \, kAGx\right) \left(\frac{\mathrm{d}}{\mathrm{d}x} \mathrm{u}(x)\Big|_{x=0} \right) + 12EI \, kAG \, x^2 \left(\frac{\mathrm{d}}{\mathrm{d}x} \phi(x)\Big|_{x=0} \right)}{24EI \, kAG}$$
$$\frac{-kAGq \, x^4 + \left(4\phi(0) \, kAG^2 - 4kAGm\right) \, x^3 + 12EIq \, x^2 - 24 \, \mathrm{u}(0) \, EI \, kAG}{24EI \, kAG}$$

$$\phi(x) = \frac{3kAG \, x^2 \left(\frac{\mathrm{d}}{\mathrm{d}x} \mathrm{u}(x)\Big|_{x=0} \right) + 6EIx \left(\frac{\mathrm{d}}{\mathrm{d}x} \phi(x)\Big|_{x=0} \right) - q \, x^3 + (3\phi(0) \, kAG - 3m)}{x^2 + 6\phi(0) \, EI}{6EI}$$

Listing 1.13 Allgemeine Lösung von Differenzialgleichungen: Timoshenko-Balken, siehe Gln. (1.22)–(1.23)

und für Euler-Bernoulli-Balken

$$EI_y \frac{\mathrm{d}^4 u_z(x)}{\mathrm{d}x^4} = q_z, \tag{1.21}$$

und das gekoppelte Gleichungssystem für Timoshenko-Balken:

$$EI_y \frac{\mathrm{d}^2 \phi_y}{\mathrm{d}x^2} - k_s GA \left(\frac{\mathrm{d}u_z}{\mathrm{d}x} + \phi_y \right) + m_z = 0 \qquad (1.22)$$

$$- k_s GA \left(\frac{\mathrm{d}^2 u_z}{\mathrm{d}x^2} + \frac{\mathrm{d}\phi_y}{\mathrm{d}x} \right) - q_z = 0. \qquad (1.23)$$

Literatur

1. Hannan Z (2019) wxMaxima for calculus I. https://wxmaximafor.wordpress.com. Zugegriffen am 15.01.2019
2. Hannan Z (2019) wxMaxima for calculus II. https://wxmaximafor.wordpress.com. Zugegriffen am 15.01.2019
3. Maxima Dokumentation (2018) http://maxima.sourceforge.net/documentation.html. Zugegriffen am 23.03.2018
4. Moses J (2012) Macsyma: a personal history. J Symb Comput 47:123–130
5. Öchsner A (2014) Elasto-plasticity of frame structure elements: modelling and simulation of rods and beams. Springer, Berlin
6. Öchsner A (2016) Computational statics and dynamics: an introduction based on the finite element method. Springer, Singapore
7. Öchsner A, Makvandi R (2019a) Finite elements for truss and frame structures: an introduction based on the computer algebra system Maxima. Springer, Cham
8. Öchsner A, Makvandi R (2019b) Finite elements using Maxima: theory and routines for rods and beams. Springer, Cham
9. Vanderplaats GN (1999) Numerical optimization techniques for engineering design. Vanderplaats Research and Development, Colorado Springs
10. Woollett EL (2018) Maxima by example. http://web.csulb.edu/~woollett/. Zugegriffen am 23.03.2018

Kapitel 2
Unbeschränkte Funktionen einer Variablen

Zusammenfassung In diesem Kapitel werden drei klassische numerische Methoden vorgestellt, um das Minimum einer unimodalen Funktion einer Variablen zu finden. Die ersten beiden Methoden, d. h. der Algorithmus des Goldenen Schnitts und der Brute-Force-Algorithmus, sind typische Vertreter von Methoden nullter Ordnung, die nur funktionale Auswertungen der Zielfunktion erfordern. Die dritte Methode, d. h. die Newton-Methode, ist ein typischer Vertreter der Methoden zweiter Ordnung und erfordert die Auswertung der Ableitungen erster und zweiter Ordnung der Zielfunktion.

2.1 Algorithmus des Goldenen Schnitts

Die Hauptidee des Algorithmus des goldenen Schnitts besteht darin, ein Anfangsintervall $[X_{\min}, X_{\max}]$ auf eine vordefinierte kleine Größe zu reduzieren, die das Minimum enthält, siehe [2] für Details. Der eigentliche Ansatz ist nun, dass die Verkleinerung zwischen zwei aufeinanderfolgenden Intervallen gleich dem Goldenen Schnitt $\tau = \frac{3-\sqrt{5}}{2} \approx 0{,}381966$ gehalten wird:

$$\tau = \frac{\text{Verringerung der Intervallgröße}}{\text{vorherige Intervallgröße}}. \tag{2.1}$$

Aus dieser Beziehung lässt sich schließen, dass das Verhältnis zwischen der aktuellen und der vorherigen Intervallgröße wie folgt ausgedrückt werden kann:

$$1 - \tau = \frac{\text{tatsächliche Intervallgröße}}{\text{vorherige Intervallgröße}}. \tag{2.2}$$

Die Methode erfordert lediglich funktionale Auswertungen, d. h. es muss keine Form der Ableitung berechnet oder angenähert werden, und es muss auch nicht geprüft werden, ob die Ableitung stetig ist oder nicht. Die Zielfunktion wird zunächst an ihren anfänglichen Grenzen ($X_{\min}$ und $X_{\max}$) bewertet, dann wird das Intervall verkleinert und zwei innere Punkte (X_1 und X_2) werden auf der Grundlage des Goldenen Schnitts bestimmt. Die Zielfunktion wird auch an diesen inneren Punkten bewertet, und aufgrund der Annahme einer unimodalen Funktion[1] erhält man ein kleineres Intervall. Die Abszisse, die dem größeren Wert von $F(X_1)$ und $F(X_2)$ entspricht, bildet die neue Grenze, und der Algorithmus wird auf die gleiche Weise fortgesetzt, siehe Abb. 2.1.

Im Folgenden verwenden wir die relative Toleranz ε, um die Konvergenz des Algorithmus zu spezifizieren:

$$\varepsilon = \frac{\text{tatsächliche Intervallgröße}}{\text{anfängliche Intervallgröße}} = \frac{\Delta X}{X_{\max} - X_{\min}}, \tag{2.3}$$

wobei ΔX auch als die absolute Toleranz bezeichnet werden kann. Um ein Intervall mit einer relativen Toleranz $\leq \varepsilon$ zu erreichen, müssen wir die folgende Beziehung erfüllen

$$(1 - \tau)^{N-3} \leq \varepsilon, \tag{2.4}$$

wobei N die Gesamtzahl der Funktionsbewertungen (F) ist, einschließlich der ersten drei. Die Lösung für N ergibt schließlich die folgende Beziehung, die zur Formulierung des Konvergenzkriteriums verwendet werden kann:

$$N(\varepsilon) = \frac{\ln(\varepsilon)}{\ln(1 - \tau)} + 3. \tag{2.5}$$

An dieser Stelle sei angemerkt, dass die absolute Anzahl der Iterationen des in Abb. 2.1 dargestellten Algorithmus gleich $N - 3$ ist.

Darüber hinaus ist zu beachten, dass die Differenz der beiden Stützpunkte, d. h. X_1 und X_2, in Bezug auf die vorherige Intervallgröße das folgende Verhältnis ergibt:

$$\frac{X_2 - X_1}{X_{\max} - X_{\min}} = 1 - 2\tau. \tag{2.6}$$

2.1 Numerische Bestimmung eines Minimums für eine unbeschränkte Funktion

Bestimmen Sie mit Hilfe der Methode des Goldenen Schnitts das Minimum der Funktion

$$F(X) = \frac{1}{2}(X - 2)^2 + 1 \tag{2.7}$$

im Bereich $0 \leq X \leq 5$. Weisen Sie für die relative Toleranz den Wert $\varepsilon = 0{,}005$ zu.

---

[1] In diesem Zusammenhang ist eine unimodale Funktion eine Funktion, die in dem betrachteten Intervall nur ein einziges Minimum hat.

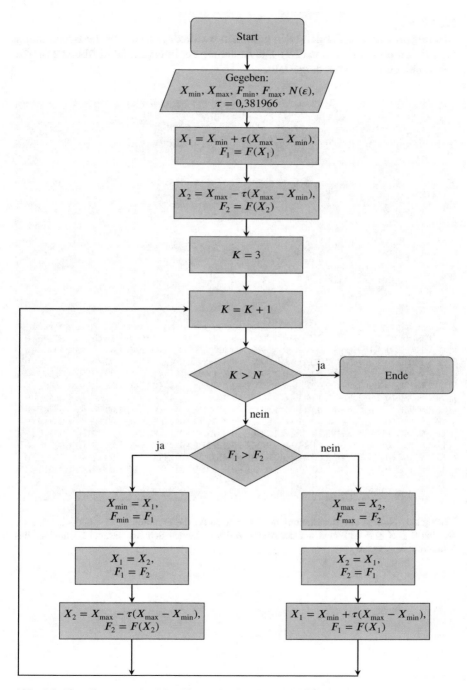

Abb. 2.1 Flussdiagramm des Algorithmus des Goldenen Schnitts für ein unbeschränktes Minimum, angepasst von [2]

2.1 Lösung

Das folgende Listing 2.1 zeigt den gesamten wxMaxima-Code für die Bestimmung des Minimums der Funktion (2.7). Die Änderung der Intervalle ist in Abb. 2.2 für die ersten beiden Iterationen dargestellt.

```
(% i2)    load("my_funs.mac")$
          load("engineering-format")$


(% i9)    func(x) := 0.5*(x-2)^2+1 $
          xmin : 0$
          xmax : 5$
          eps : 0.005$

          N : round((log(eps)/(log(1-0.381966))+3))$

          print("N =", N)$
          gss(xmin, xmax, N)$

N = 14

K    x_min       x_1          x_2          x_max        f_min        f_1          f_2          f_max
3  0.0000E–0  1.9098E+0  3.0902E+0  5.0000E+0  3.0000E+0  1.0041E+0  1.5942E+0  5.5000E+0
4  0.0000E–0  1.1803E+0  1.9098E+0  3.0902E+0  3.0000E+0  1.3359E+0  1.0041E+0  1.5942E+0
5  1.1803E+0  1.9098E+0  2.3607E+0  3.0902E+0  1.3359E+0  1.0041E+0  1.0650E+0  1.5942E+0
6  1.1803E+0  1.6312E+0  1.9098E+0  2.3607E+0  1.3359E+0  1.0680E+0  1.0041E+0  1.0650E+0
7  1.6312E+0  1.9098E+0  2.0820E+0  2.3607E+0  1.0680E+0  1.0041E+0  1.0034E+0  1.0650E+0
8  1.9098E+0  2.0820E+0  2.1885E+0  2.3607E+0  1.0041E+0  1.0034E+0  1.0178E+0  1.0650E+0
9  1.9098E+0  2.0163E+0  2.0820E+0  2.1885E+0  1.0041E+0  1.0001E+0  1.0034E+0  1.0178E+0
10 1.9098E+0  1.9756E+0  2.0163E+0  2.0820E+0  1.0041E+0  1.0003E+0  1.0001E+0  1.0034E+0
11 1.9756E+0  2.0163E+0  2.0414E+0  2.0820E+0  1.0003E+0  1.0001E+0  1.0009E+0  1.0034E+0
12 1.9756E+0  2.0007E+0  2.0163E+0  2.0414E+0  1.0003E+0  1.0000E+0  1.0001E+0  1.0009E+0
13 1.9756E+0  1.9911E+0  2.0007E+0  2.0163E+0  1.0003E+0  1.0000E+0  1.0000E+0  1.0001E+0
14 1.9911E+0  2.0007E+0  2.0067E+0  2.0163E+0  1.0000E+0  1.0000E+0  1.0000E+0  1.0001E+0
```

Listing 2.1 Numerische Bestimmung des Minimums für die Funktion $F(X) = \frac{1}{2}(X-2)^2 + 1$ im Bereich $0 \leq X \leq 5$ basierend auf der Methode des Goldenen Schnitts. Exakte Lösung für das Minimum: $X_{\text{extr}} = 2{,}0$

Abb. 2.2 Methode des Goldenen Schnitts für das Beispiel $F(X) = \frac{1}{2}(X-2)^2 + 1$. Exakte Lösung für das Minimum: $X_{\text{extr}} = 2{,}0$

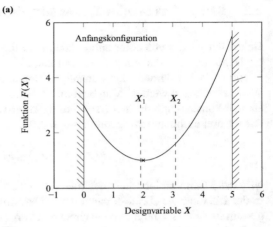

(a)

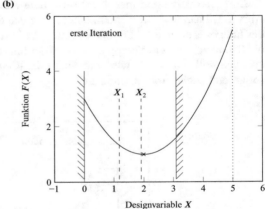

(b)

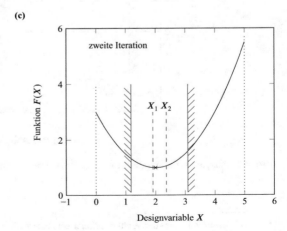

(c)

2.2   Brute-Force- oder Exhaustive-Search-Algorithmus

Gehen wir wieder von einer unimodalen Funktion aus, d. h. einer Funktion, die nur ein Minimum im betrachteten Intervall hat, siehe Abb. 2.3.

Ein einfacher numerischer Suchalgorithmus für das Minimum kann auf folgende Weise konstruiert werden: Man beginnt an der linken Grenze (X_{min}) und berechnet in *kleinen* konstanten Schritten (Δh) die Funktionswerte der Zielfunktion (F). Sobald wir für drei aufeinanderfolgende Punkte 0, 1 und 2 die Bedingung erfüllen

$$F(X_0) \geq F(X_1) \leq F(X_2), \tag{2.8}$$

wird das Minimum innerhalb des Intervalls $[X_0, X_2]$ lokalisiert. Dieses Verfahren ist in der Literatur als „brute-force" oder „exhaustive search" bekannt. Das Flussdiagramm in Abb. 2.4 zeigt den entsprechenden Algorithmus.

Eine alternative und manchmal schnellere Abwandlung des Algorithmus (siehe Abb. 2.4) kann erreicht werden, indem man den Startwert (X_0) irgendwo innerhalb des Intervalls ansiedelt.[2] Die nächste Aufgabe besteht dann darin, zu entscheiden, ob die Suche von diesem Startpunkt aus auf der linken oder rechten Seite des Intervalls erfolgen soll. Natürlich wird die Suche in Richtung der absteigenden Funktion fortgesetzt (siehe Abb. 2.5 und 2.6).

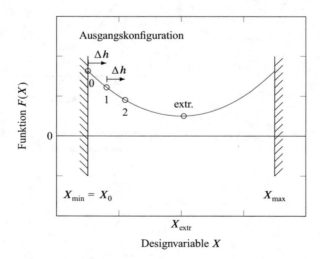

Abb. 2.3 Ausgangskonfiguration für einen Brute-Force-Ansatz (Version 1)

---

[2]Es ist offensichtlich, dass die Wahl des Startwerts einen erheblichen Einfluss auf die erforderlichen Schritte zur Ermittlung des Minimums hat. Verschiedene Anfangskonfigurationen sind in Abb. 2.5 dargestellt.

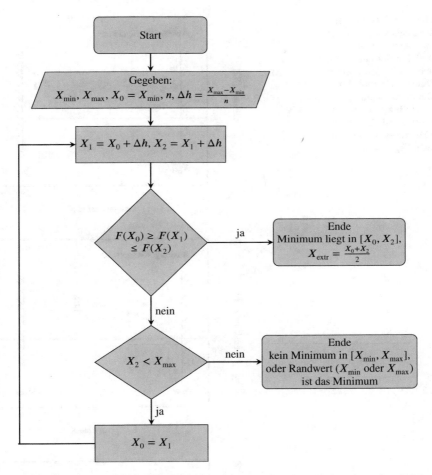

Abb. 2.4 Flussdiagramm des Brute-Force-Algorithmus (Version 1) für ein unbeschränktes Minimum

Um die erforderlichen Iterationen zu reduzieren, können Ansätze mit variablen Schrittgrößen eingeführt werden, siehe Abb. 2.7. Die variable Schrittweite, die im Allgemeinen durch $\Delta h^{(i)}$ ausgedrückt wird, kann wie folgt geschrieben werden

$$\Delta h^{(i)} = \alpha^{(i)} \times \Delta h^{(i-1)} \quad \text{for} \quad i > 0, \tag{2.9}$$

wobei $\alpha^{(i)}$ ein Skalierungsparameter ist. Wenn wir $\alpha^{(i)} = 1$ setzen, wird der klassische Brute-Force-Algorithmus mit konstanter Schrittweite wiederhergestellt, siehe Abb. 2.6. Wenn wir $\alpha^{(i)} < 0$ vorgeben, verringert sich die Intervallgröße bei jeder Iteration, während $\alpha^{(i)} > 0$ zu einem größeren Intervall bei jedem Iterationsschritt

Abb. 2.5 Verschiedene Ausgangskonfigurationen einer unbeschränkten Funktion $F(X)$ im Rahmen eines Brute-Force-Ansatzes (Version 2): **a** lokales Minimum innerhalb (X_{min}, X_{max}) ; **b** Minimum am linken Rand $(X_{extr} = X_{min})$; **c** Minimum am rechten Rand $(X_{extr} = X_{max})$

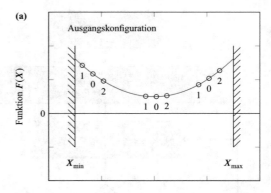

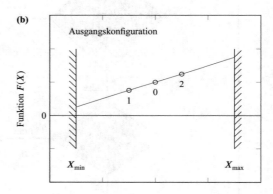

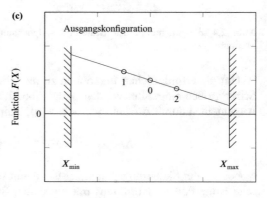

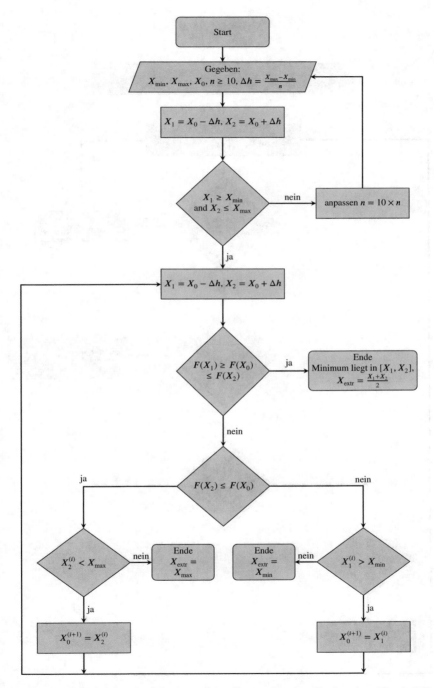

Abb. 2.6 Flussdiagramm des Brute-Force-Algorithmus (Version 2) für ein unbeschränktes Minimum

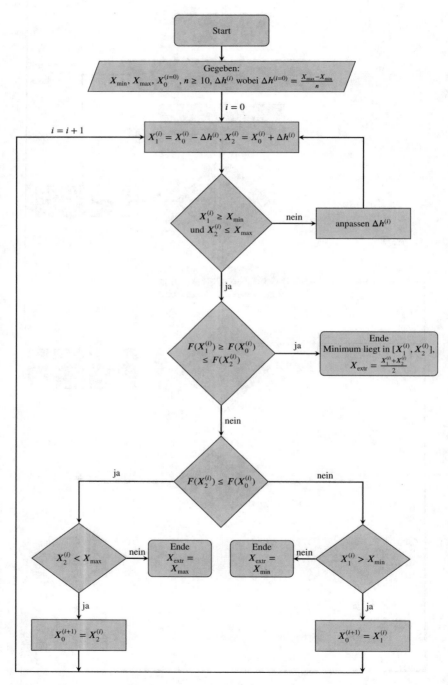

Abb. 2.7 Flussdiagramm des Brute-Force-Algorithmus (Version 3, d. h. mit variabler Schrittweite) für ein unbeschränktes Minimum

führt. Alternativ kann die Intervallgröße auf der Grundlage der Fibonacci-Folge,[3] d. h. $\alpha^{(i)} = 1, 1, 2, 3, 5, 8, 13, \ldots (i > 0)$ erhöht werden.

2.2 Numerische Bestimmung eines Minimums für eine unbeschränkte Funktion

Bestimmen Sie auf der Grundlage des Brute-Force-Ansatzes das Minimum der Funktion

$$F(X) = \frac{1}{2}(X - 2)^2 + 1 \qquad (2.10)$$

im Bereich $0 \le X \le 5$ (siehe Abb. 2.2 für eine grafische Darstellung der Funktion). Weisen Sie der Version 2 andere Startwerte zu ($X_0 = 1{,}0$; 1,5; 3,5) und vergleichen Sie die Ergebnisse mit den Ergebnissen der Version 1. Die Schrittweite sollte in bestimmten Schritten erhöht werden. Zeichnen Sie zusätzlich für Version 2 ein Diagramm, das die Konvergenzrate, d. h. Koordinate des Minimums X_{extr} und Iterationszahl in Abhängigkeit vom Schrittweitenparameter n, für den Fall $X_0 = 1{,}0$, zeigt.

2.2 Lösung

Das folgende Listing 2.2 zeigt den gesamten wxMaxima-Code für die Bestimmung des Minimums basierend auf der Brute-Force-Version 1 für den speziellen Fall $n = 10$.

```
(% i2)     load("my_funs.mac")$
           load("engineering-format")$


(% i7)     func(x) := (1/2)*(x-2)^2+1 $
           xmin : 0$
           xmax : 5$

           n : 10$

           bf_ver1(xmin, xmax, n)$

           Minimum liegt in [ 1.5000e+0, 2.5000e+0]
           X_extr = 2.0000e+0 ( i = 4 )
```

Listing 2.2 Numerische Bestimmung des Minimums der Funktion $F(X) = \frac{1}{2}(X - 2)^2 + 1$ im Bereich $0 \le X \le 5$ auf der Grundlage des Brute-Force-Ansatzes (Version 1) für $n = 10$. Exakte Lösung für das Minimum: $X_{\text{extr}} = 2{,}0$

---

[3]Die Regel für die Erzeugung der Fibonacci-Zahlen ist $F_n = F_{n-1} + F_{n-2}$ mit $F_0 = 0$ und $F_1 = 1$.

Tab. 2.1 Zusammenfassung der ermittelten Mindestwerte (exakter Wert: 2,0) für verschiedene Parameter n, d. h. verschiedene Schrittgrößen (Brute-Force-Version 1)

n	X_{min}	X_{max}	X_{extr}	i
4	1,250	3,750	2,500	2
8	1,250	2,500	1,875	3
10	1,500	2,500	2,000	4
15	1,667	2,333	2,000	6

Weitere Werte für eine Variation des Parameters n sind in Tab. 2.1 zusammengefasst.

Der wxMaxima-Code für die Anwendung der Brute-Force-Methode 2 ist in Listing 2.3 dargestellt.

```
(% i2)     load("my_funs.mac")$
           load("engineering-format")$


(% i7)     func(x) := (1/2)*(x-2)^2+1 $
           xmin : 0$
           xmax : 5$
           x_0 : 1.5$

           n : 10$

           bf_ver2(xmin, xmax, x_0, n)$

           Minimum liegt in [ 2.0000e+0, 2.5000e+0]
           X_extr = 2.2500e+0 ( i = 2 )
```

Listing 2.3 Numerische Bestimmung des Minimums der Funktionen $F(X) = \frac{1}{2}(X-2)^2 + 1$ im Bereich $0 \leq X \leq 5$ mit Hilfe des Brute-Force-Ansatzes (Version 2) für $n = 10$ und $X_0 = 1,5$. Exakte Lösung für das Minimum: $X_{extr} = 2,0$

Weitere Werte für eine Variation des Parameters n und den Startwert X_0 sind in Tab. 2.2 zusammengefasst. Es ist zu erkennen, dass diese Parameter einen erheblichen Einfluss auf das ermittelte Minimum haben und dass der Parameter n ausreichend groß sein sollte, um ein akzeptables Ergebnis für das Minimum zu gewährleisten.

Tab. 2.2 Zusammenfassung der ermittelten Minimalwerte (exakter Wert: 2,0) für verschiedene Parameter n, d. h. verschiedene Schrittgrößen, und verschiedene Startwerte X_0 (Brute-Force-Version 2)

n	X_{min}	X_{max}	X_{extr}	i
$X_0 = 1,0$				
10	2,000	2,500	2,250	3
15	2,000	2,333	2,167	4
20	2,000	2,250	2,125	5
25	2,000	2,200	2,100	6
30	2,000	2,167	2,083	7
35	2,000	2,143	2,071	8
40	2,000	2,125	2,063	9
$X_0 = 1,5$				
10	2,000	2,500	2,500	2
15	1,833	2,167	2,000	2
20	2,000	2,250	2,125	3
25	1,900	2,100	2,000	3
$X_0 = 3,5$				
10	2,000	2,500	2,250	4
15	2,167	2,500	2,333	5
20	2,000	2,250	2,125	7
25	2,100	2,300	2,200	8
30	2,000	2,167	2,083	10
35	2,929	2,071	2,000	12

Die Konvergenzrate des Algorithmus wird in Abb. 2.8 veranschaulicht, die die Koordinate des Minimums und die erforderlichen Iterationsschritte als Funktion des Parameters Schrittweite zeigt.

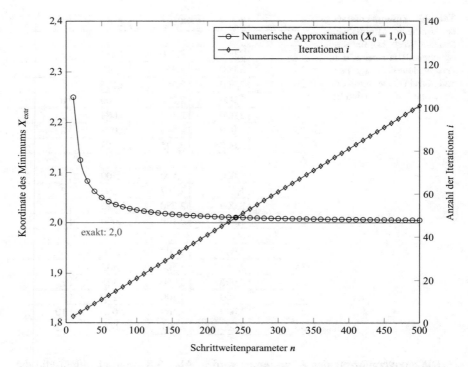

Abb. 2.8 Konvergenzrate des Brute-Force-Ansatzes (Version 2) zur Ermittlung des Minimums der Funktion $F(X) = \frac{1}{2}(X-2)^2 + 1$ im Bereich $0 \le X \le 5$

2.3 Numerische Bestimmung des Minimums für zwei unbeschränkte Funktionen

Bestimmen Sie mit Hilfe des Brute-Force-Ansatzes das Minimum der linearen Funktionen

$$F(X) = X - 0{,}5 \tag{2.11}$$

und

$$F(X) = -X + 2{,}5 \tag{2.12}$$

im Bereich $0{,}75 \le X \le 2{,}25$, siehe Abb. 2.9. Weisen Sie der Algorithmusversion 2 verschiedene Startwerte (X_0) zu und vergleichen Sie die Ergebnisse mit den Ergebnissen der Version 1. Die Schrittweite kann anhand von $n = 10$ berechnet werden.

(a)

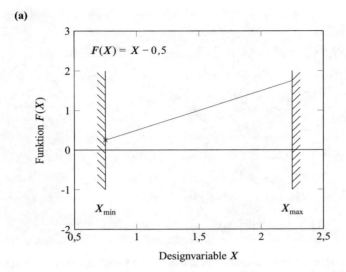

(b)

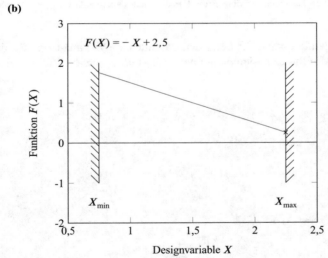

Abb. 2.9 Grafische Darstellungen der Zielfunktionen nach **a** Gl. (2.11) und **b** Gl. (2.12). Exakte Lösungen für die Minima: $X_{extr} = 0{,}75$ bzw. $X_{extr} = 2{,}25$.

2.3 Lösung

Das folgende Listing 2.4 zeigt den gesamten wxMaxima-Code für die Bestimmung des Minimums basierend auf der Brute-Force-Version 1. Anhand der Ausgabe lässt sich schließen, dass der linke Rand, d. h. $X = 0{,}75$, der Minimalpunkt der Funktion (2.11) ist, unter der Annahme, dass wir eine unimodale Funktion haben.

```
(% i2)      load("my_funs.mac")$
            load("engineering-format")$


(% i7)      func(x) := x-0.5 $
            xmin : 0.75$
            xmax : 2.25$


            n : 10$


            bf_ver1(xmin, xmax, n)$

            kein Minimum liegt in [ 7.5000e-1, 2.2500e+0]
            oder Randwert (xmin = 7.5000e-1 ( f(xmin)=2.5000e-1 ) oder
            xmax = 2.2500e+0 ( f(xmax)=1.7500e+0 )) ist das Minimum.
```

Listing 2.4 Numerische Bestimmung des Minimums der Funktionen $F(X) = X - 0{,}5$ im Bereich $0{,}75 \leq X \leq 2{,}25$ basierend auf dem Brute-Force-Ansatz (Version 1) für $n = 10$ (exakte Lösung: $X_{extr} = 0{,}75$)

Das folgende Listing 2.5 zeigt den gesamten wxMaxima-Code für die Bestimmung des Minimums basierend auf der Brute-Force-Version 2 für die Funktion aus Gl. (2.11).

```
(% i2)      load("my_funs.mac")$
            load("engineering-format")$


(% i7)      func(x) := x-0.5 $
            xmin : 0.75$
            xmax : 2.25$
            x_0 : 1.0$


            n : 10$


            bf_ver2(xmin, xmax, x_0, n)$

            X_extr = 7.5000e-1 ( i = 2 )
```

Listing 2.5 Numerische Bestimmung des Minimums der Funktionen $F(X) = X - 0{,}5$ im Bereich $0{,}75 \geq X \geq 2{,}25$ basierend auf dem Brute-Force-Ansatz (Version 2) für $n = 10$ and $X_0 = 1{,}0$ (exakte Lösung: $X_{extr} = 0{,}75$)

In ähnlicher Weise ermittelt der Maxima-Code das Minimum der in Gl. (2.12) angegebenen Funktion am rechten Rand, d. h. $X_{extr} = 2{,}25$.

2.4 Numerische Bestimmung eines Minimums auf der Grundlage des Brute-Force-Algorithmus mit variabler Intervallgröße

Bestimmen Sie auf der Grundlage des Brute-Force-Ansatzes mit variabler Schrittweite das Minimum der quadratischen Funktion

$$F(X) = \frac{1}{2}(X - 2)^2 + 1 \qquad (2.13)$$

im Bereich $0 \leq X \leq 5$ (siehe Abb. 2.2 für eine grafische Darstellung der Funktion). Weisen Sie der Algorithmusversion 3 verschiedene Skalierungsparameter $\alpha^{(i)}$ zu, um die Intervallgröße über $\Delta h^{(i)} = \alpha^{(i)} \times \Delta h^{(i-1)}$ zu aktualisieren, d. h.

- $\alpha^{(i)} = \frac{1}{10}$,
- $\alpha^{(i)} = 1{,}5$ und
- $\alpha^{(i)} = 1, 1, 2, 3, 5, 8, 13, \ldots (i > 0)$ (Fibonacci-Folge).

Weisen Sie verschiedene Startwerte ($X_0 = 1{,}0$; $1{,}5$; $3{,}5$) und Parameter zu, um die anfängliche Schrittgröße ($n = 10, 25, 100, 1000$) zu steuern.

2.4 Lösung

Das folgende Listing 2.6 zeigt den gesamten wxMaxima-Code für die Bestimmung des Minimums basierend auf der Brute-Force-Version 3 für die in Gl. (2.13) gegebene Funktion und $\alpha^{(i)} = 1/10$. Für den Fall, dass die Fibonacci-Folge verwendet werden soll, muss der Code durch **alpha: „Fibonacci"** modifiziert werden.

Die Tab. 2.3, 2.4 und 2.5 fassen das ermittelte Minimum für abnehmende, zunehmende und wechselnde Intervallgrößen auf der Grundlage der Fibonacci-Folge zusammen.

Die Konvergenzrate des Brute-Force-Ansatzes mit variabler Schrittweite auf Basis der Fibonacci-Folge (Version 3) ist in Abb. 2.10 dargestellt.

```
(% i2)     load("my_funs.mac")$
           load("engineering-format")$


(% i9)     func(x) := (1/2)*(x-2)^2 + 1$
           xmin : 0$
           xmax : 5$
           x0 : [1.0, 1.5, 3.5]$
           alpha : 1/10$
           n : [10, 25, 100, 1000]$
           for i : 1 thru length(x0) do (
               printf(true, "~% X_0 = ~f", x0[i]),
               for j : 1 thru length(n) do (
               bf_ver2_varN_table(xmin, xmax, x0[i], n[j], alpha)
               )
           )$


           X_0 = 1.0
              10 1.55555556e+0 17
              25 1.22222222e+0 17
             100 1.05555556e+0 16
            1000 1.00555556e+0 15
           X_0 = 1.5
              10 2.02500000e+0  2
              25 1.72222222e+0 16
             100 1.55555556e+0 16
            1000 1.50555556e+0 15
           X_0 = 3.5
              10 2.94444444e+0 17
              25 3.27777778e+0 16
             100 3.44444444e+0 16
            1000 3.49444444e+0 15
```

Listing 2.6 Numerische Bestimmung des Minimums der Funktionen $F(X) = \frac{1}{2}(X - 2)^2 + 1$ im Bereich $0 \geq X \geq 5$ basierend auf dem Brute-Force-Ansatz mit variabler Schrittweite (Version 3) und $\alpha^{(i)} = 1/10$ (exakter Wert: $X_{\text{extr}} = 2{,}0$)

Tab. 2.3 Zusammenfassung der ermittelten Minimalwerte (exakter Wert: $X_{extr} = 2{,}0$) für verschiedene Anfangswerte X_0 und Parameter n, d. h. anfängliche Schrittgrößen (Brute-Force-Version 3). Fall: $\alpha^{(i)} = \frac{1}{10}$, d. h. abnehmende Intervallgröße

n	X_{extr}	i
$X_0 = 1{,}0$		
10	1,55555556e+0	17
25	1,22222222e+0	17
100	1,05555556e+0	16
1000	1,00555556e+0	15
$X_0 = 1{,}5$		
10	2,02500000e+0	2
25	1,72222222e+0	16
100	1,55555556e+0	16
1000	1,50555556e+0	15
$X_0 = 3{,}5$		
10	2,94444444e+0	17
25	3,27777778e+0	16
100	3,44444444e+0	16
1000	3,49444444e+0	15

Tab. 2.4 Zusammenfassung der ermittelten Minimalwerte (exakter Wert: $X_{extr} = 2{,}0$) für verschiedene Anfangswerte X_0 und Parameter n, d. h. anfängliche Schrittgrößen (Brute-Force-Version 3). Fall: $\alpha^{(i)} = 1{,}5$, d. h. zunehmende Intervallgröße

n	X_{extr}	i
$X_0 = 1{,}0$		
10	2,81250000e+0	3
25	2,28750000e+0	4
100	2,32382812e+0	7
1000	2,07121948e+0	12
$X_0 = 1{,}5$		
10	2,37500000e+0	2
25	2,22500000e+0	3
100	2,03281250e+0	5
1000	2,21081299e+0	11
$X_0 = 3{,}5$		
10	2,81250000e+0	3
25	2,38125000e+0	5
100	2,31855469e+0	8
1000	2,53690247e+0	13

Tab. 2.5 Zusammenfassung der ermittelten Minimalwerte (exakter Wert: $X_{extr} = 2,0$) für verschiedene Anfangswerte X_0 und Parameter n, d. h. anfängliche Schrittgrößen (Brute-Force-Version 3). Fall: $\alpha^{(i)} = 1, 1, 2, 3, 5, 8, 13, \ldots$, d. h. zunehmende Intervallgröße auf Basis der Fibonacci-Folge

n	X_{extr}	i
$X_0 = 1,0$		
10	2,25000000e+0	3
25	2,60000000e+0	5
100	2,30000000e+0	6
1000	2,77316000e+0	10
$X_0 = 1,5$		
10	2,25000000e+0	2
25	2,00000000e+0	3
100	2,80000000e+0	8
1000	2,30500000e+0	7
$X_0 = 3,5$		
10	2,50000000e+0	4
25	3,10000000e+0	5
100	2,35000000e+0	8
1000	2,52868000e+0	10

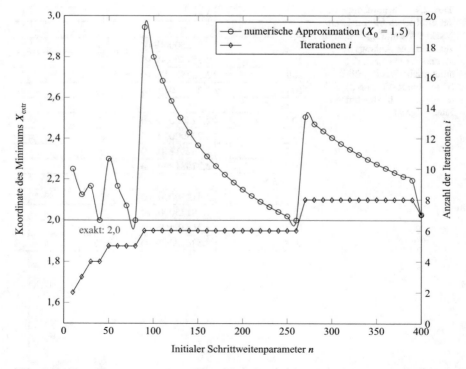

Abb. 2.10 Konvergenzrate des Brute-Force-Ansatzes mit variabler Schrittweite auf Basis der Fibonacci-Folge (Version 3) zur Ermittlung des Minimums der Funktion $F(X) = \frac{1}{2}(X - 2)^2 + 1$ im Bereich $0 \leq X \leq 5$

2.3 Newton-Methode

Die Newton-Methode ist eine der klassischen Methoden zweiter Ordnung. Diese Methoden erfordern die Kenntnis der Ableitung zweiter Ordnung der Zielfunktion, die als analytischer Ausdruck oder als Näherung, z. B. mit Hilfe von Finite-Differenzen-Verfahren, bereitgestellt werden muss. Erinnern wir uns an die notwendigen, d. h. $\frac{dF(X)}{dX} = 0$, und die hinreichenden, d. h. $\frac{d^2F(X)}{dX^2} > 0$, Bedingungen für ein relatives Minimum der Zielfunktion $F(X)$.

Schreiben wir eine Taylorreihenentwicklung zweiter Ordnung der Zielfunktion um X_0, d. h.

$$F(X) \approx F(X_0) + \frac{dF}{dX}\Big|_{X_0} \times (X - X_0) + \frac{1}{2}\frac{d^2F}{dX^2}\Big|_{X_0} \times (X - X_0)^2. \qquad (2.14)$$

Differenziert man Gl. (2.14) nach X und vernachlässigt Differenzen höherer Ordnung, so erhält man schließlich den folgenden Ausdruck, der die notwendige Bedingung für ein lokales Minimum berücksichtigt:

$$\frac{dF(X)}{dX} \approx \frac{dF}{dX}\Big|_{X_0} + \frac{d^2F}{dX^2}\Big|_{X_0} \times (X - X_0) \overset{!}{=} 0. \qquad (2.15)$$

Der letzte Ausdruck kann umgeordnet werden und ergibt das folgende Iterationsschema:[4]

$$X = X_0 - \left(\frac{d^2F}{dX^2}\Big|_{X_0}\right)^{-1} \times \frac{dF}{dX}\Big|_{X_0}. \qquad (2.16)$$

Mögliche Finite-Differenzen-Approximationen der Ableitungen in Gl. (2.16) sind in Tab. 2.6 aufgeführt. Wird das Computeralgebrasystem Maxima verwendet, können die Ableitungen auf der Grundlage eingebauter Funktionen berechnet werden, ohne dass numerische Näherungen erforderlich sind. Betrachtet man Gl. (2.16), so lässt sich feststellen, dass das Iterationsschema für lineare Funktionen (d. h. Polynome erster Ordnung) nicht anwendbar ist, da die Ableitung zweiter Ordnung Null wäre und eine Division durch Null nicht definiert ist. Eine lineare Funktion hat jedoch kein lokales Minimum und nur einer der Randwerte, d. h. X_{min} oder X_{max}, kann per Definition ein Minimum sein. Daher kann bei linearen Funktionen einfach nach dem kleineren Wert von $F(X_{min})$ und $F(X_{max})$ gesucht werden.

---

[4] Wir erinnern den Leser daran, dass die Newton-Methode für die *Wurzel* einer Funktion lautet: $X = X_0 - \left(\frac{dF}{dX}\Big|_{X_0}\right)^{-1} \times F(X_0)$.

Tab. 2.6 Finite-Differenzen-Approximationen für Ableitungen erster und zweiter Ordnung, entnommen aus [1]

Ableitung	Finite-Differenzen-Approximation	Typ	Fehler
$\left(\dfrac{\mathrm{d}F}{\mathrm{d}X}\right)_i$	$\dfrac{F_{i+1} - F_i}{\Delta X}$	Vorwärts-Differenzenquotient	$O(\Delta X)$
	$\dfrac{-3F_i + 4F_{i+1} - F_{i+2}}{2\Delta X}$	Vorwärts-Differenzenquotient	$O(\Delta X^2)$
	$\dfrac{F_i - F_{i-1}}{\Delta X}$	Rückwärts-Differenzenquotient	$O(\Delta X)$
	$\dfrac{3F_i - 4F_{i-1} + F_{i-2}}{2\Delta X}$	Rückwärts-Differenzenquotient	$O(\Delta X^2)$
	$\dfrac{F_{i+1} - F_{i-1}}{2\Delta X}$	zentraler Differenzenquotient	$O(\Delta X^2)$
$\left(\dfrac{\mathrm{d}^2F}{\mathrm{d}X^2}\right)_i$	$\dfrac{F_{i+2} - 2F_{i+1} + F_i}{\Delta X^2}$	Vorwärts-Differenzenquotient	$O(\Delta X)$
	$\dfrac{-F_{i+3} + 4F_{i+2} - 5F_{i+1} + 2F_i}{\Delta X^2}$	Vorwärts-Differenzenquotient	$O(\Delta X^2)$
	$\dfrac{F_i - 2F_{i-1} + F_{i-2}}{\Delta X^2}$	Rückwärts-Differenzenquotient	$O(\Delta X)$
	$\dfrac{2F_i - 5F_{i-1} + 4F_{i-2} - F_{i-3}}{\Delta X^2}$	Rückwärts-Differenzenquotient	$O(\Delta X^2)$
	$\dfrac{F_{i+1} - 2F_i + F_{i-1}}{\Delta X^2}$	zentraler Differenzenquotient	$O(\Delta X^2)$

Eine algorithmische Umsetzung der Newton-Methode unter Verwendung von Gl. (2.16) ist in Abb. 2.11 dargestellt.

2.5 Numerische Bestimmung eines Minimums für eine unbeschränkte Funktion
Bestimmen Sie mit Hilfe der Newton-Methode das Minimum der Funktion

$$F(X) = \frac{1}{2}(X - 2)^2 + 1 \tag{2.17}$$

im Bereich $0 \leq X \leq 5$ (siehe Abb. 2.2 für eine grafische Darstellung der Funktion). Weisen Sie verschiedene Startwerte zu ($X_0 = 1{,}0$; $1{,}5$; $2{,}0$).

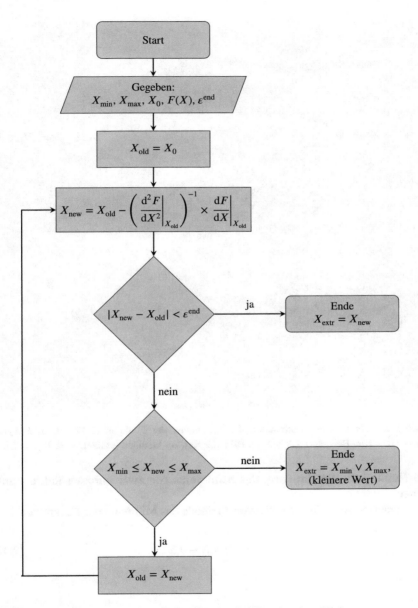

Abb. 2.11 Flussdiagramm der Newton-Methode für ein unbeschränktes Minimum

2.5 Lösung

Das folgende Listing 2.7 zeigt den gesamten wxMaxima-Code für die Bestimmung des Minimums nach dem Newton-Verfahren. Es ist zu erkennen, dass das Minimum sofort gefunden wird, da die Funktion (2.17) ein Polynom zweiter Ordnung ist.

```
(% i2)    load("my_funs.mac")$
          load("engineering-format")$


(% i8)    func(X) := (1/2)*(X-2)^2 + 1$
          Xmin : 0$
          Xmax : 5$
          eps : 1/1000$
          X0s : [1,1.5,2]$

          for i : 1 thru length(X0s) do (
              print(" "),
              printf(true, "~%For X0 = ~,3f :", X0s[i]),
              Newton_one_variable_unconstrained(Xmin, Xmax, X0s[i], eps, true)
          )$


          Für X0 = 1.000 :
            X_extr = 2.0000e+0 ( i = 2 )

          Für X0 = 1.500 :
            X_extr = 2.0000e+0 ( i = 2 )

          Für X0 = 2.000 :
            X_extr = 2.0000e+0 ( i = 1 )
```

Listing 2.7 Numerische Bestimmung des Minimums der Funktion (2.17), d. h. $F(X) = \frac{1}{2}(X - 2)^2 + 1$ im Bereich $0 \geq X \geq 5$ mit Hilfe der Newton-Methode (exakter Wert: $X_{\text{extr}} = 2{,}0$)

2.6 Numerische Bestimmung des Minimums für zwei unbeschränkte Funktionen

Bestimmen Sie mit Hilfe der Newton-Methode das Minimum der Funktionen

$$F(X) = X - 0{,}5 \qquad (2.18)$$

und

$$F(X) = -X + 2{,}5 \qquad (2.19)$$

im Bereich $0{,}75 \leq X \leq 2{,}25$ (siehe Abb. 2.9 für grafische Darstellungen der Funktionen).

2.6 Lösung

Das folgende Listing 2.8 zeigt den gesamten wxMaxima-Code für die Bestimmung des Minimums auf der Grundlage der Newton-Methode. Aus der Ausgabe lässt sich schließen, dass der linke Rand, d. h. $X = 0{,}75$, der Minimalpunkt der Funktion (2.18) ist, unter der Annahme, dass wir eine unimodale Funktion haben. In ähnlicher Weise kann gefolgert werden, dass der rechte Rand, d. h. $X = 2{,}25$, der Minimalpunkt der Funktion (2.19) ist.

```
(% i2)    load("my_funs.mac")$
          load("engineering-format")$


(% i8)    func(X) := -X + 2.5$
          /* func(X) := X - 0.5$ */
          Xmin : 0.75$
          Xmax : 2.25$
          eps : 1/1000$
          X0s : [1,1.5,2]$

          for i : 1 thru length(X0s) do (
              print(" "),
              printf(true, "~%For X0 = ~,3f :", X0s[i]),
              Newton_one_variable_unconstrained(Xmin, Xmax, X0s[i], eps, true)
          )$


          Für X0 = 1.000 :
            X_extr = 2.2500e+0 ( i = 1 )

          Für X0 = 1.500 :
            X_extr = 2.2500e+0 ( i = 1 )

          Für X0 = 2.000 :
            X_extr = 2.2500e+0 ( i = 1 )
```

Listing 2.8 Numerische Bestimmung des Minimums der Funktionen (2.18) und (2.19) im Bereich $0{,}75 \geq X \geq 2{,}25$ mit Hilfe der Newton-Methode (exakter Wert: $X_{\text{extr}} = 2{,}25$)

2.7 Numerische Bestimmung des Minimums für ein Polynom höherer Ordnung

Bestimmen Sie mit Hilfe der Newton-Methode das Minimum der Funktion

$$F(X) = 0{,}05 \times (3 - X)^4 + 1 \tag{2.20}$$

Abb. 2.12 Grafische
Darstellung der Zielfunktion
$F(X) = 0{,}05 \times (3 - X)^4 + 1$.
Exakte Lösung für das
Minimum: $X_{\mathrm{extr}} = 3{,}0$

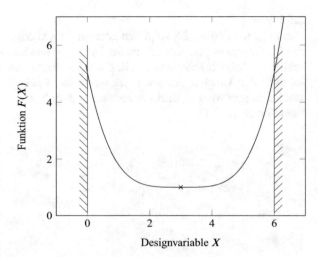

im Bereich $0 \leq X \leq 6$ (siehe Abb. 2.12 für eine grafische Darstellung der Funktion).

Weisen Sie verschiedene Startwerte ($X_0 = 0{,}5$; $1{,}0$; $5{,}75$) für die Iteration zu und nehmen Sie $\varepsilon^{\mathrm{end}} = 1/1000$ an.

Untersuchen Sie im Folgenden den Einfluss der Toleranz $\varepsilon^{\mathrm{end}}$ auf den Endwert X_{extr} für den Fall $X_0 = 0{,}5$.

Untersuchen Sie in einem letzten Schritt die Entwicklung des Wertes X_{new} für einen gegebenen Wert X_0 und $\varepsilon^{\mathrm{end}} = 1/1000$.

2.7 Lösung

Das folgende Listing 2.9 zeigt den gesamten wxMaxima-Code für die Bestimmung des Minimums nach dem Newton-Verfahren.

```
(% i2)    load("my_funs.mac")$
          load("engineering-format")$


(% i8)    func(X) := 0.05*(3-X)^4 + 1$
          Xmin : 0$
          Xmax : 6$
          eps : 1/1000$
          X0s : [0.5,1.0,5.75]$

          for i : 1 thru length(X0s) do (
              print(" "),
              printf(true, "~%For X0 = ~,3f :", X0s[i]),
              Newton_one_variable_unconstrained(Xmin, Xmax, X0s[i], eps, true)
          )$


          Für X0 = 0.500 :
            X_extr = 2.9983e+0 ( i = 18 )

          Für X0 = 1.000 :
            X_extr = 2.9986e+0 ( i = 18 )

          Für X0 = 5.750 :
            X_extr = 3.0019e+0 ( i = 18 )
```

Listing 2.9   Numerische Bestimmung des Minimums der Funktion (1.18) im Bereich $0 \geq X \geq 6$ mit Hilfe der Newton-Methode (exakter Wert: $X_{extr} = 3{,}0$)

Das folgende Listing 2.10 zeigt den gesamten wxMaxima-Code zur Bestimmung des Einflusses der Toleranz ε^{end} auf den Wert von X_{extr}.

```
(% i1)    load("my_funs.mac")$


(% i9)    func(X) := 0.05*(3-X)^4 + 1$
          Xmin : 0$
          Xmax : 6$
          eps : [1/10, 1/20,1/30,1/40,1/50,1/100,1/1000,1/10000,1/100000]$
          X0s : 0.5$

          print(" ")$
          printf(true, "~%~a ~a ~a ", "eps", "n_iter", "X_extr")$
          for i : 1 thru length(eps_s) do (
              [n_iter, X_extremum] : Newton_one_variable_unconstrained(Xmin,
              Xmax, X0, eps_s[i], false),
              printf(true, "~%~,5f ~,5d ~,8f ", eps_s[i], n_iter, X_extremum)
          )$


          eps   n_iter  X_extr
          0.10000   7   2.85368084
          0.05000   8   2.90245389
          0.03333   9   2.93496926
          0.02500  10   2.95664618
          0.02000  11   2.97109745
          0.01000  12   2.98073163
          0.00100  18   2.99830840
          0.00010  24   2.99985149
          0.00001  29   2.99998044
```

Listing 2.10 Numerische Bestimmung des Minimums der Funktion (2.20) im Bereich $0 \geq X \geq 6$ mit Hilfe der Newton-Methode: Einfluss der Toleranz ε^{end} auf den Endwert X_{extr} (exakter Wert: $X_{extr} = 3,0$)

Das folgende Listing 2.11 zeigt den gesamten wxMaxima-Code für die Entwicklung des Wertes X_{new} für einen gegebenen Wert X_0 und $\varepsilon^{end} = 1/1000$. Die grafische Darstellung findet sich in Abb. 2.13.

```
(% i1)    load("my_funs.mac")$


(% i7)    func(X) := 0,05*(3-X)^4 + 1$
          Xmin : 0$
          Xmax : 6$
          eps : 1/1000$
          X0s : [0.5,1.0,5.75]$

          for i : 1 thru length(X0s) do (
              print(" "),
              print(" "),
              printf(true, "~%Für X0 = ~,3f :", X0s[i]),
              print(" "),
              printf(true, "~%~a ~a ~a ", "iter", "Xnew", "func(X)"),
              Newton_one_variable_unconstrained_table(Xmin, Xmax, X0s[i], eps)
          )$



          Für X0= 0,500:
          iter Xnew func(X)
              0 0.50000000   2.95312500
              1 1.33333333   1.38580247
              2 1.88888889   1.07620790
              3 2.25925926   1.01505341
              4 2.50617284   1.00297351
              5 2.67078189   1.00058736
              6 2.78052126   1.00011602
              7 2.85368084   1.00002292
              8 2.90245389   1.00000453
              9 2.93496926   1.00000089
             10 2.95664618   1.00000018
             11 2.97109745   1.00000003
             12 2.98073163   1.00000001
             13 2.98715442   1.00000000
             14 2.99143628   1.00000000
             15 2.99429085   1.00000000
             16 2.99619390   1.00000000
             17 2.99746260   1.00000000
             18 2.99830840   1.00000000
```

Listing 2.11 Numerische Bestimmung des Minimums für die Funktion (2.20) in dem Bereich $0 \leq X \leq 6$ nach dem Newton-Verfahren: Entwicklung des Wertes X_{new} für ein gegebenes X_0 und $\varepsilon^{end} = 1/1000$ (genauer Wert: $X_{extr} = 2{,}0$)

```
Für X0 =  1.000:
iter Xnew func(X)
   0 1.00000000    1.80000000
   1 1.66666667    1.15802469
   2 2.11111111    1.03121475
   3 2.40740741    1.00616588
   4 2.60493827    1.00121795
   5 2.73662551    1.00024058
   6 2.82441701    1.00004752
   7 2.88294467    1.00000939
   8 2.92196312    1.00000185
   9 2.94797541    1.00000037
  10 2.96531694    1.00000007
  11 2.97687796    1.00000001
  12 2.98458531    1.00000000
  13 2.98972354    1.00000000
  14 2.99314903    1.00000000
  15 2.99543268    1.00000000
  16 2.99695512    1.00000000
  17 2.99797008    1.00000000
  18 2.99864672    1.00000000

Für X0 =  5.750:
iter Xnew func(X)
   0 5.75000000    3.85957031
   1 4.83333333    1.56485340
   2 4.22222222    1.11157598
   3 3.81481481    1.02203970
   4 3.54320988    1.00435352
   5 3.36213992    1.00085995
   6 3.24142661    1.00016987
   7 3.16095107    1.00003355
   8 3.10730072    1.00000663
   9 3.07153381    1.00000131
  10 3.04768921    1.00000026
  11 3.03179280    1.00000005
  12 3.02119520    1.00000001
  13 3.01413014    1.00000000
  14 3.00942009    1.00000000
  15 3.00628006    1.00000000
  16 3.00418671    1.00000000
  17 3.00279114    1.00000000
  18 3.00186076    1.00000000
```

Listing 2.11 (Fortsetzung)

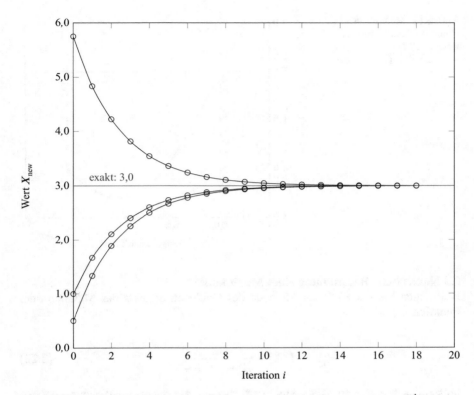

Abb. 2.13 Entwicklung des Wertes X_{new} für ein bestimmtes X_0 ($= 0,5; 1,0; 5,75$) und $\varepsilon^{end} = 1/1000$

2.4   Ergänzende Probleme

2.8 Numerische Bestimmung eines Minimums

Bestimmen Sie mit Hilfe der Methode des Goldenen Schnitts das Minimum der Funktion

$$F(X) = -2 \times \sin(X) \times (1 + \cos(X)) \qquad (2.21)$$

im Bereich $0 \leq X \leq \frac{\pi}{2}$ (siehe Abb. 2.14). Weisen Sie für die relative Toleranz den Wert $\varepsilon = 0,001$ zu.

Abb. 2.14 Methode des
Goldenen Schnitts für das
Beispiel $F(X) =$
$-2 \times \sin(X) \times (1 + \cos(X))$

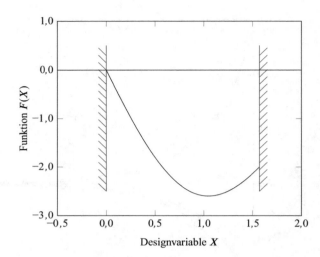

Designvariable X

2.9 Numerische Bestimmung eines Maximums

Bestimmen Sie mit Hilfe der Methode des Goldenen Schnitts das Maximum der
Funktion

$$F(X) = \frac{8X}{X^2 - 2X + 4} \tag{2.22}$$

im Bereich $0 \leq X \leq 10$ (siehe Abb. 2.15). Weisen Sie für die relative Toleranz den
Wert $\varepsilon = 0{,}001$ zu.

2.10 Brute-Force-Ansatz für die Bestimmung eines Minimums

Wiederholen Sie das Zusatzproblem 2.8 anhand der beiden Versionen (d. h. Version
1 und 2) des Brute-Force-Ansatzes. Die Schrittweite sollte in bestimmten Schritten
erhöht werden. Verwenden Sie als Startwerte $X_0 = 0{,}2$ und $X_0 = 1{,}3$ für Version 2.

2.11 Konvergenzrate für den Brute-Force-Ansatz

Wiederholen Sie das Zusatzproblem 2.8 auf der Grundlage der zweiten Version des
Brute-Force-Ansatzes, um die Konvergenzrate zu untersuchen. Zeichnen Sie die
Koordinate des Minimums als Funktion des Schrittweitenparameters n auf. Verwen-
den Sie als Startwert $X_0 = 0{,}2$.

2.12 Numerische Bestimmung eines Minimums auf der Grundlage des Brute-Force-Algorithmus mit variabler Intervallgröße

Bestimmen Sie auf der Grundlage des Brute-Force-Ansatzes mit variabler Schrittweite das Minimum der Funktion

$$F(X) = -2 \times \sin(X) \times (1 + \cos(X)) \tag{2.23}$$

Abb. 2.15 Methode des Goldenen Schnitts für das Beispiel

$$F(X) = \frac{8X}{X^2 - 2X + 4}$$

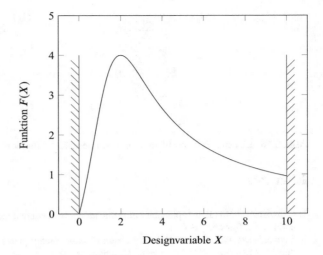

im Bereich $0 \le X \le \frac{\pi}{2}$ (siehe Abb. 2.14 für eine grafische Darstellung der Funktion). Weisen Sie der Algorithmusversion 3 verschiedene Skalierungsparameter $\alpha^{(i)}$ zu, um die Intervallgröße über $\Delta h^{(i)} = \alpha^{(i)} \times \Delta h^{(i-1)}$ zu aktualisieren, d. h.

- $\alpha^{(i)} = \frac{1}{10}$,
- $\alpha^{(i)} = 1.5$ und
- $\alpha^{(i)} = 1, 1, 2, 3, 5, 8, 13, \ldots (i > 0)$ (Fibonacci-Folge).

Weisen Sie verschiedene Startwerte ($X_0 = 0{,}2; 1{,}3$) und Parameter zu, um die anfängliche Schrittgröße ($n = 10, 15, 20, 25, 30, 35, 40, 1000$) zu steuern.

2.13 Anwendung des Prinzips der minimalen Energie auf ein lineares Federproblem

Gegeben ist eine lineare Feder (Federkonstante: $k = 8 \frac{N}{cm}$; Länge: $L = 10$ cm), siehe Abb. 2.16a. Unter einer aufgebrachten Kraft von $F_0 = 5$ N dehnt sich die Feder und diese Verformung wird durch die Koordinate X beschrieben, siehe Abb. 2.16b. Verwenden Sie das Prinzip der minimalen potentiellen Gesamtenergie, um die Gleichgewichtslage herzuleiten. Der numerische Ansatz sollte auf dem Algorithmus des Goldenen Schnitts beruhen.

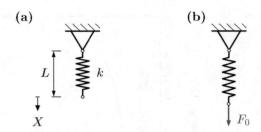

Abb. 2.16 Lineares Federproblem: **a** undeformierte Konfiguration; **b** unter der Kraft F_0 gedehnt

Literatur

1. Öchsner A (2014) Elasto-plasticity of frame structure elements: modeling and simulation of rods and beams. Springer, Berlin
2. Vanderplaats GN (1999) Numerical optimization techniques for engineering design. Vanderplaats Research & Development, Colorado Springs

Kapitel 3
Beschränkte Funktionen einer Variablen

Zusammenfassung In diesem Kapitel werden zwei klassische Methoden zur numerischen Bestimmung des Minimums von unimodalen Funktionen einer Variablen vorgestellt. Es werden die äußere und die innere Straffunktionsmethode beschrieben. Ausgehend von einer Pseudo-Zielfunktion kann das Problem als ein uneingeschränktes Problem behandelt werden, wie es im vorherigen Kapitel behandelt wurde.

3.1 Die Methode der äußeren Straffunktionen

Erläutern wir die Methode der äußeren Straffunktionen am allgemeinen Beispiel einer Zielfunktion $F(X)$, die durch zwei Ungleichheitsbedingungen $g_j(X)$ beschränkt ist, siehe [4] für Details (Abb. 3.1):

$$F(X), \tag{3.1}$$

$$g_1(X) \leq 0, \tag{3.2}$$

$$g_2(X) \leq 0. \tag{3.3}$$

Ein üblicher Ansatz zur Lösung eines solchen beschränkten Designproblems ist die Formulierung einer so genannten Pseudo-Zielfunktion (siehe Abb. 3.2 für eine schematische Darstellung)

$$\Phi(X, r_{\mathrm{p}}) = F(X) + r_{\mathrm{p}} \times P(X), \tag{3.4}$$

wobei $F(X)$ die ursprüngliche Zielfunktion, r_{p} der skalare (nicht-negative) Strafparameter-Multiplikator und $P(X)$ die Straffunktion ist. Die Pseudo-Zielfunktion kann nun auf der Grundlage der in Kap. 2 vorgestellten Methoden als unbeschränkte

A. Öchsner, R. Makvandi, *Numerische technische Optimierung*,
https://doi.org/10.1007/978-3-031-15015-9_3

Abb. 3.1 Allgemeine Konfiguration einer Zielfunktion $F(X)$. Zwei Ungleichheitsbedingungen $g_1 \leq 0$ und $g_2 \leq 0$ begrenzen den verfügbaren Entwurfsraum

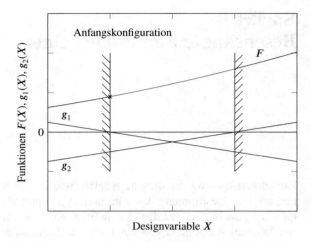

Abb. 3.2 Schematische Darstellung der Pseudo-Objektivfunktion $\Phi(X, r_\mathrm{p})$ für verschiedene Werte des Strafmultiplikators r_p

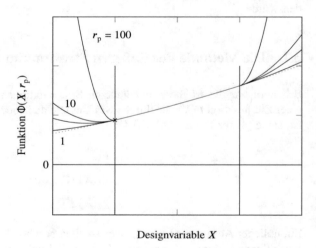

Funktion behandelt werden, siehe Abb. 3.3 für den entsprechenden Algorithmus. Die Straffunktion wird typischerweise ausgedrückt als

$$P(X) = \sum_{j=1}^{m} \left\{ \max \left[0, \ g_j(X) \right] \right\}^2, \tag{3.5}$$

was auch ausgedrückt werden kann als

$$P(X) = \sum_{j=1}^{m} \delta_j \left\{ g_j(X) \right\}^2. \tag{3.6}$$

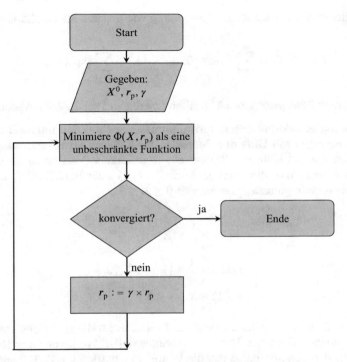

Abb. 3.3 Algorithmus für eine beschränkte Funktion einer Variablen, basierend auf der Methode der äußeren Straffunktion, angepasst von [4]

Gl. (3.6) verwendet die folgende Sprungfunktion:

$$\delta_j = \begin{cases} 0 & \text{für} \quad g_j(X) \le 0 \\ 1 & \text{für} \quad g_j(X) > 0 \end{cases}. \tag{3.7}$$

An dieser Stelle sei angemerkt, dass im Falle von Gleichheitsbedingungen (siehe Gl. (1.8)) die in Gl. (3.5) oder (3.6) angegebene Straffunktion wie folgt erweitert werden kann:

$$P(X) = \sum_{j=1}^{m} \left\{ \max \left[0, \; g_j(X) \right] \right\}^2 + \sum_{k=1}^{l} \left[h_k(X) \right]^2 \tag{3.8}$$

$$= \sum_{j=1}^{m} \delta_j \left\{ g_j(X) \right\}^2 + \sum_{k=1}^{l} \left[h_k(X) \right]^2, \tag{3.9}$$

wobei m und l die Gesamtzahl der Ungleichheits- bzw. Gleichheitsrestriktionen sind.

Ein alternativer Ansatz ist die Anwendung von linearen Straffunktionen, d. h.

$$P(X) = \sum_{j=1}^{m} \left\{ \max \left[0, \; g_j(X) \right] \right\}^1 + \sum_{k=1}^{l} \left[h_k(X) \right]^1. \tag{3.10}$$

Dieser Ansatz führt jedoch zu nicht-differenzierbaren Pseudo-Zielfunktionen.

3.1 Numerische Bestimmung des Minimums einer Funktion mit zwei Ungleich-heitsbedingungen mit Hilfe der Methode der äußeren Straffunktion

Bestimmen Sie mit Hilfe des Brute-Force-Algorithmus (Version 3) für die eindi-mensionale Suche das Minimum der Funktion $F(X)$ unter Berücksichtigung zweier Ungleichheitsbedingungen g_j im Bereich $0 \leq X \leq 5$:

$$F(X) = \frac{1}{2} \times (X - 2)^2 + 1, \tag{3.11}$$

$$g_1(X) = \frac{1}{2} \times \left(\frac{1}{2} - X \right) \leq 0, \tag{3.12}$$

$$g_2(X) = X - 4 \leq 0. \tag{3.13}$$

Der Startwert sollte $X_0 = 1{,}5$ sein und die Parameter für die eindimensionale Suche auf der Grundlage des Brute-Force-Algorithmus sind $\alpha^{(i)} = 1{,}0$ und $n = 10$. Weisen Sie für den skalaren Strafparameter die Werte $r_{\mathrm{p}} = 1, 10, 50, 100, 120$ und 600 zu.

3.1 Lösung

Die Pseudo-Zielfunktion kann für dieses Problem wie folgt geschrieben werden

$$\Phi(X, r_{\mathrm{p}}) = \frac{1}{2} \times (X - 2)^2 + 1 + r_{\mathrm{p}} \left\{ \left[\max \left(0, \; \frac{1}{2} \times \left(\frac{1}{2} - X \right) \right) \right]^2 \right. \tag{3.14}$$

$$\left. + \left[\max \left(0, \; X - 4 \right) \right]^2 \right\},$$

oder expliziter für die verschiedenen Bereiche:

$$X < \frac{1}{2}: \quad \Phi(X, r_{\mathrm{p}}) = \frac{1}{2} \times (X - 2)^2 + 1 + r_{\mathrm{p}} \left[\frac{1}{2} \times \left(\frac{1}{2} - X \right) \right]^2, \tag{3.15}$$

$$\frac{1}{2} \leq X \leq 4: \quad \Phi(X, r_{\mathrm{p}}) = \frac{1}{2} \times (X - 2)^2 + 1, \tag{3.16}$$

$$X > 4: \quad \Phi(X, r_{\mathrm{p}}) = \frac{1}{2} \times (X - 2)^2 + 1 + r_{\mathrm{p}} [X - 4]^2. \tag{3.17}$$

Die folgenden Listings 3.1 und 3.2 zeigen den gesamten wxMaxima-Code für die Bestimmung des Minimums für die in den Gl. (3.11)–(3.13) gegebenen Funktionen.

3.2 Numerische Bestimmung des Minimums für eine Funktion mit einer Ungleichheitsbedingung auf der Basis der Methode der äußeren Straffunktion

Bestimmen Sie das Minimum der Funktion $F(X)$ unter Berücksichtigung der Ungleichheitsbedingung $g(X)$ im Bereich $-1 \leq X \leq 4$:

$$F(X) = (X-3)^2 + 1, \tag{3.18}$$

$$g(X) = \sqrt{x} - \sqrt{2} \leq 0. \tag{3.19}$$

Der erste Ansatz sollte auf dem Brute-Force-Algorithmus mit $\alpha^{(i)} = 1{,}0$ und $n = 10000$ beruhen. Weisen Sie für den skalaren Strafparameter die Werte $r_\mathrm{p} = 1{,}10, 50, 100, 120$ und 600 zu. Als alternativen Lösungsansatz verwenden Sie die Newton-Methode zur Minimierung von $\Phi(X, r_\mathrm{p})$ als unbeschränkte Funktion ($\varepsilon^\mathrm{end} = 1/1000$). Der Startwert sollte bei beiden Ansätzen $X_0 = 1{,}0$ sein.

3.2 Lösung

Die Pseudo-Zielfunktion kann für dieses Problem wie folgt geschrieben werden

$$\Phi(X, r_\mathrm{p}) = (X-3)^2 + 1 + r_\mathrm{p}\left\{\left[\max\left(0, \ \sqrt{x} - \sqrt{2}\right)\right]^2\right\}, \tag{3.20}$$

oder expliziter für die verschiedenen Bereiche:

$$0 \leq X \leq 2: \quad \Phi(X, r_\mathrm{p}) = (X-3)^2 + 1, \tag{3.21}$$

$$X > 2: \quad \Phi(X, r_\mathrm{p}) = (X-3)^2 + 1 + r_\mathrm{p}\left[\sqrt{x} - \sqrt{2}\right]^2. \tag{3.22}$$

Das folgende Listing 3.3 zeigt den gesamten wxMaxima-Code zur Bestimmung des Minimums für die in Gl. (3.18) und (3.19) gegebene Funktionsmenge auf der Grundlage des Brute-Force-Algorithmus (Version 3).

```
(% i3)    load("my_funs.mac")$
          load(to_poly_solve)$ /* um zu prüfen, ob alle Wurzeln real sind
          (isreal_p(X))) */ ratprint : false$

(% i22) f (X) := (X-3)^2 + 1$
          g[1](X) := sqrt(X) - sqrt(2)$

          Xmin : -1$
          Xmax : 4$
          X0 : 1$
          alpha : 1$
          n : 10000$

          r_p_list : [1, 10, 50, 100, 120, 600]$
          gamma : 1$

          print("==============================")$
          print("========== Lösung ==========")$
          print("==============================")$
          drucken(" ")$
          print("Die Pseudo-Objektivfunktion für verschiedene Bereiche von X:")$
          constrained_one_variable_range_detection()$
          print(" ")$
          print("==============================")$
          for i:1 thru length(r_p_list) do (
             r_p_0 : r_p_list[i],
             print(" "),
             printf(true, "~% For r_p= ~,6f :", r_p_0),
             print(" "),
             r_p : r_p_0,
             X_extr : one_variable_constrained_exterior_penalty(Xmin, Xmax, X0, n,
                alpha, r_p_0, gamma),
             print(" "),
             printf(true, "~% Wert der nicht bestraften Funktion bei X = ~,6f : ~,6f", X_extr,
                                f(X_extr)),
             printf(true, "~% Wert der bestraften Funktion bei X = ~,6f : ~,6f", X_extr,
                                func(X_extr)),
             print(" "),
             print("==============================")
          )$
```

Listing 3.3 Numerische Bestimmung des Minimums für die Funktion (3.18) unter Berücksichtigung der Ungleichheitsbedingung g im Bereich $-1 \leq X \leq 4$ mit Hilfe der Methode der äußeren Straffunktion und des Brute-Force-Algorithmus (Version 3)

```
=====================================
========== Lösung ==========
=====================================
```

Die Pseudo-Zielfunktion für verschiedene Bereiche von

X: Für -1,000000 < X < 2,000000 :

$$\phi = (X - 3)^2 + 1$$

Für 2.000000 < X < 4.000000 :

$$\varphi = (X - 3)^2 + r_p (\sqrt{X} - \sqrt{2})^2 + 1$$

```
=====================================
```

Für r_p = 1,000000 :

r_p: 1.000000 , X_extr: 2.917500 , Anzahl der Iterationen: 284

Wert der nicht bestraften Funktion bei X = 2,917500 : 1,006806
Wert der bestraften Funktion bei X = 2,917500 : 1,093157

```
=====================================
```

Für r_p = 10.000000 :

r_p: 10.000000 , X_extr: 2.490000 , Anzahl der Iterationen: 87

Wert der nicht bestraften Funktion bei X = 2,490000 : 1,260100
Wert der bestraften Funktion bei X = 2,490000 : 1,528273

```
=====================================
```

Für r_p = 50.000000 :

r_p: 50.000000 , X_extr: 2.147500 , Anzahl der Iterationen: 70

Wert der nicht bestraften Funktion bei X = 2,147500 : 1,726756
Wert der bestraften Funktion bei X = 2,147500 : 1,857938

```
=====================================
```

Für r_p = 100.000000 :

r_p: 100.000000 , X_extr: 2.080000 , Anzahl der Iterationen: 15

Listing 3.3 (Fortsetzung)

Wert der nicht bestraften Funktion bei X = 2,080000 : 1,846400
Wert der bestraften Funktion bei X = 2,080000 : 1,924839

======================================

Für r_p = 120.000000 :

r_p: 120.000000 , X_extr: 2.067500 , Anzahl der Iterationen: 4

Wert der nicht bestraften Funktion bei X = 2,067500 : 1,869556
Wert der bestraften Funktion bei X = 2,067500 : 1,936770

======================================

Für r_p = 600.000000 :

r_p: 600.000000 , X_extr: 2.015000 , Anzahl der Iterationen: 12

Wert der nicht bestraften Funktion bei X = 2,015000 : 1,970225
Wert der bestraften Funktion bei X = 2,015000 : 1,987037

======================================

Listing 3.3 (Fortsetzung)

Als alternatives Lösungsverfahren zeigt Listing 3.4 den gesamten wxMaxima-Code zur Bestimmung des Minimums für die Funktionsmenge der Gl. (3.18) und (3.19) auf der Basis des Newton-Verfahrens.

```
(% i3)      load("my_funs.mac")$
            load(to_poly_solve)$ /* um zu prüfen, ob alle Wurzeln real sind
            (isreal_p(X)) */ ratprint : false$

(% i22) f (X) := (X-3)^2 + 1$
            g[1](X) := sqrt(X) - sqrt(2)$

            Xmin : -1$
            Xmax : 4$
            X0 : 1$
            eps : 1/1000$

            r_p_list : [1, 10, 50, 100, 120, 600]$
            gamma : 1$

            print("===============================")$
            print("========== Lösung ==========")$
            print("===============================")$
drucken(" ")$
print("Die Pseudo-Objektivfunktion für verschiedene Bereiche von X:")$
constrained_one_variable_range_detection()$
print(" ")$
print("===============================")$
for i:1 thru length(r_p_list) do (
   r_p_0 : r_p_list[i],
   print(" "),
   printf(true, "~% For r_p= ~,6f :", r_p_0),
   print(" "),
   r_p : r_p_0,
   X_extr : Newton_one_variable_constrained_exterior_penalty(Xmin, Xmax,
       X0, eps, r_p_0, gamma),
   X0 : copy(bfloat(X_extr)),
   print(" "),
   printf(true, "~% Wert der nicht bestraften Funktion bei X = ~,6f : ~,6f", X_extr,
                     f(X_extr)),
   printf(true, "~% Wert der bestraften Funktion bei X = ~,6f : ~,6f", X_extr,
                     func(X_extr)),
   print(" "),
   print("===============================")
)$
```

Listing 3.4 Numerische Bestimmung des Minimums für die Funktion (3.18) unter Berücksichtigung der Ungleichheitsbedingung g im Bereich $-1 \leq X \leq 4$ nach der Methode der äußeren Straffunktionen (Newton-Verfahren)

```
========================================
=========== Lösung ===========
========================================


Die Pseudo-Zielfunktion für verschiedene Bereiche von

X: Für -1,000000 < X < 2,000000 :


φ = (X - 3)² + 1

Für 2.000000 < X < 4.000000 :

φ = (X - 3)² + rₚ(√X - √2)² + 1



========================================
Für r_p = 1,000000 :

r_p: 1.000000 , X_extr: 2.914214 , Anzahl der Iterationen: 3


Wert der nicht bestraften Funktion bei X = 2,914214 : 1,007359
Wert der bestraften Funktion bei X = 2,914214 : 1,093146


========================================
Für r_p = 10.000000 :

r_p: 10.000000 , X_extr: 2.485322 , Anzahl der Iterationen: 3

Wert der nicht bestraften Funktion bei X = 2,485322 : 1,264893
Wert der bestraften Funktion bei X = 2,485322 : 1,528231


========================================
Für r_p = 50.000000 :

r_p: 50.000000 , X_extr: 2.144280 , Anzahl der Iterationen: 3

Wert der nicht bestraften Funktion bei X = 2,144280 : 1,732257
Wert der bestraften Funktion bei X = 2,144280 : 1,857870

========================================
```

Listing 3.4 (Fortsetzung)

```
Für r_p = 100.000000 :

r_p: 100.000000 , X_extr: 2.076019 , Anzahl der Iterationen: 3

Wert der nicht bestraften Funktion bei X = 2,076019 : 1,853741
Wert der bestraften Funktion bei X = 2,076019 : 1,924636


══════════════════════════════


Für r_p = 120.000000 :

r_p: 120.000000 , X_extr: 2.063898 , Anzahl der Iterationen: 2

Wert der nicht bestraften Funktion bei X = 2,063898 : 1,876286
Wert der bestraften Funktion bei X = 2,063898 : 1,936572


══════════════════════════════


Für r_p = 600.000000 :

r_p: 600.000000 , X_extr: 2.013222 , Anzahl der Iterationen: 2

Wert der nicht bestraften Funktion bei X = 2,013222 : 1,973731
Wert der bestraften Funktion bei X = 2,013222 : 1,986799


══════════════════════════════
```

Listing 3.4 (Fortsetzung)

Die grafische Darstellung der Zielfunktion und der Ungleichheitsbedingung, der Straffunktion und der Pseudo-Zielfunktion für verschiedene Werte des Straf-multiplikators ist in Abb. 3.5 zu sehen.

Tab. 3.1 fasst die Ergebnisse aus den Listings 3.3 und 3.4 in Bezug auf die Iterationszahlen und die erreichten Minima zusammen. Es ist ganz offensichtlich, dass die Newton-Methode eine hervorragende Konvergenzgeschwindigkeit aufweist.

Abb. 3.5 **a** Darstellung der Zielfunktion $F(X) = (X - 3)^2 + 1$ und der Ungleichheitsrestriktion $g \le 0$. **b** Straffunktion $P(X)$ und Ungleichheitsrestriktion $g \le 0$. **c** Pseudo-Zielfunktion $\Phi(X, r_p)$ für verschiedene Werte des Strafmultiplikators r_p. Exakte Lösung für das Minimum: $X_{extr} = 2{,}0$

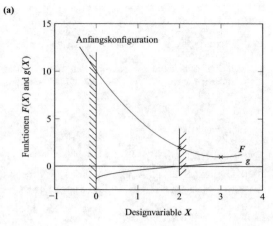

(a)

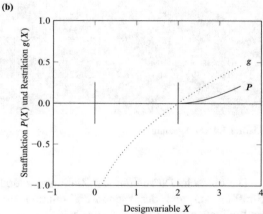

(b)

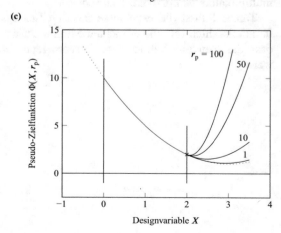

(c)

Tab. 3.1 Vergleich der Iterationszahlen und der erreichten Minima für den Funktionssatz der Gln. (3.18)–(3.19) basierend auf dem Brute-Force-Ansatz und dem Newton-Verfahren

r_p	Iterationen		X_{extr} (genauer Wert: 2,0)	
	Brute-Force	Newton	Brute-Force	Newton
1	284	3	2,917500	2,914214
10	87	3	2,490000	2,485322
50	70	3	2,147500	2,144280
100	15	3	2,080000	2,076019
120	4	2	2,067500	2,063898
600	12	2	2,015000	2,013222

Abb. 3.6 Grafische Darstellung der Zielfunktion $F(X) = 0{,}05 \times (3 - X)^4 + 1$ und der Ungleichheitsrestriktionen $g_1 \leq 0$ und $g_2 \leq 0$, siehe Gln. (3.23)–(3.25). Exakte Lösung für das Minimum: $X_{extr} = 3{,}0$

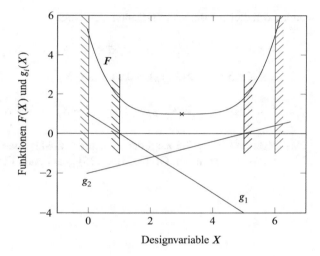

3.3 Numerische Bestimmung des Minimums für ein beschränktes Polynom höherer Ordnung auf der Grundlage der Methode der äußeren Straffunktion

Bestimmen Sie mit Hilfe der Newton-Methode das Minimum der Funktion

$$F(X) = 0{,}05 \times (3 - X)^4 + 1 \tag{3.23}$$

unter Berücksichtigung der folgenden Ungleichheitsbedingungen:

$$g_1(X) = -X + 1 \leq 0, \tag{3.24}$$

$$g_2(X) = \frac{2}{5} \times X - 2 \leq 0, \tag{3.25}$$

im Bereich $0 \leq X \leq 6$ (siehe Abb. 3.6 für eine grafische Darstellung der Funktion). Weisen Sie verschiedene Startwerte ($X_0 = 0{,}5$; 1,5; 4,75) für die Iteration ($\varepsilon^{end} = 1/100.000$) zu.

3.3 Lösung

Die Pseudo-Zielfunktion kann für dieses Problem wie folgt geschrieben werden

$$\Phi(X, r_p) = 0{,}05 \times (3 - X)^4 + 1 + r_p \left\{ \left[\max\left(0, \ -X + 1\right) \right]^2 \right. \tag{3.26}$$

$$\left. + \left[\max\left(0, \ \frac{2}{5} \times X - 2\right) \right]^2 \right\},$$

oder expliziter für die verschiedenen Bereiche:

$$0 \le X < 1: \qquad \Phi(X, r_p) = 0{,}05 \times (3 - X)^4 + 1 + r_p[-X + 1]^2, \tag{3.27}$$

$$1 \le X \le 5: \qquad \Phi(X, r_p) = 0{,}05 \times (3 - X)^4 + 1, \tag{3.28}$$

$$5 < X \le 6: \qquad \Phi(X, r_p) = 0{,}05 \times (3 - X)^4 + 1 + r_p\left[\frac{2}{5} \times X - 2\right]^2. \tag{3.29}$$

Das folgende Listing 3.5 zeigt den gesamten wxMaxima-Code zur Bestimmung des Minimums für die in den Gl. (3.23)–(3.25) gegebenen Funktionen.

```
(% i3)    load("my_funs.mac")$
          load(to_poly_solve)$ /* to check if all the roots are real (isreal_p(X))) */
          ratprint : false$


(% i21)   f(X) := 0.05*(3-X)^4 + 1$
          g[1](X) := -X + 1$
          g[2](X) := (2/5)*X - 2$

          Xmin : 0$
          Xmax : 6$
          X0s : [0.5, 1.5, 4.75]$
          eps : 1/100000$

          r_p_list : [1, 10, 50, 100, 120, 600]$
          gamma : 1$

          print("===============================")$
          print("========== Solution ==========")$
          print("===============================")$
          print(" ")$
          print("The pseudo-objective function for different ranges of X:")$
          constrained_one_variable_range_detection()$
          print(" ")$
          print("===============================")$
          for j : 1 thru length(X0s) do (
            X0 : copy(X0s[j]),
            print("+++++++++++++++++++++++++++++++"),
            printf(true, "For X0 = ~,2f", X0),
            print("+++++++++++++++++++++++++++++++"),
            for i:1 thru length(r_p_list) do (
              r_p_0 : r_p_list[i],
              print(" "),
              printf(true, "~% For r_p = ~,6f :", r_p_0),
              print(" "),
              r_p : r_p_0,
              X_extr : Newton_one_variable_constrained_exterior_penalty(Xmin, Xmax,
                X0, eps, r_p_0, gamma),
              X0 : copy(bfloat(X_extr)),
              r_p : r_p_0,
              print(" "),
              printf(true, "~% value of the non-penalized function at X = ~,6f : ~,6f", X_extr,
                             f(X_extr)),
              printf(true, "~% value of the penalized function at X = ~,6f : ~,6f", X_extr,
                             func(X_extr)),
              print(" "),
              print("===============================")
            )
          )$
```

Listing 3.5 Numerische Bestimmung des Minimums der Funktion (3.23) unter Berücksichtigung der Ungleichheitsrestriktionen g_1 und g_2 im Bereich $0 \leq X \leq 6$ auf der Basis der Methode der äußeren Straffunktion (Newton-Verfahren)

```
==============================
========== Solution ==========
==============================
```

The pseudo-objective function for different ranges of X:

For 0.000000 < X < 1.000000 :

$$\varphi = (1 - X)^2 \, r_p + 0.05(3 - X)^4 + 1$$

For 1.000000 < X < 5.000000 :

$$\varphi = 0.05(3 - X)^4 + 1$$

For 5.000000 < X < 6.000000 :

$$\varphi = \left(\frac{2X}{5} - 2\right)^2 r_p + 0.05(3 - X)^4 + 1$$

```
==============================
++++++++++++++++++++++++++++++++
For X0 = 0.50
++++++++++++++++++++++++++++++++
For r_p = 1.000000 :
```

r_p: 1.000000 , X_extr: 2.999986 , Number of iterations: 30

value of the non-penalized function at X = 2.999986 : 1.000000
value of the penalized function at X = 2.999986 : 1.000000

```
==============================
```

For r_p = 10.000000 :

r_p: 10.000000 , X_extr: 2.999991 , Number of iterations: 1

value of the non-penalized function at X = 2.2.999991 : 1.000000
value of the penalized function at X = 2.2.999991 : 1.000000

```
==============================
```

Listing 3.5 (Fortsetzung)

For r_p = 50.000000 :

r_p: 50.000000 , X_extr: 2.999994 , Number ofiterations: 1

value of the non-penalized function at X = 2.999994 : 1.000000
value of the penalized function at X = 2.999994 : 1.000000

=============================

For r_p = 100.000000 :

r_p: 100.000000 , X_extr: 2.999996 , Number ofiterations: 1

value of the non-penalized function at X = 2.999996 : 1.000000
value of the penalized function at X = 2.999996 : 1.000000

=============================

For r_p = 120.000000 :

r_p: 120.000000 , X_extr: 2.999997 , Number ofiterations: 1

value of the non-penalized function at X = 2.999997 : 1.000000
value of the penalized function at X = 2.999997 : 1.000000

=============================

For r_p = 600.000000 :

r_p: 600.000000 , X_extr: 2.999998 , Number ofiterations: 1

value of the non-penalized function at X = 2.999998 : 1.000000
value of the penalized function at X = 2.999998 : 1.000000

=============================
++++++++++++++++++++++++++++++++
For X0 = 1.50
++++++++++++++++++++++++++++++++
For r_p = 1.000000 :

r_p: 1.000000 , X_extr: 2.999982 , Number of iterations: 28

value of the non-penalized function at X = 2.999982 : 1.000000
value of the penalized function at X = 2.999982 : 1.000000

=============================

Listing 3.5 (Fortsetzung)

```
For r_p = 10.000000 :

r_p: 10.000000 , X_extr: 2.999988 , Number of iterations: 1

value of the non-penalized function at X = 2.2.999988 : 1.000000
value of the penalized function at X = 2.2.999988 : 1.000000


==============================

For r_p = 50.000000 :

r_p: 50.000000 , X_extr: 2.999992 , Number of iterations: 1

value of the non-penalized function at X = 2.999992 : 1.000000
value of the penalized function at X = 2.999992 : 1.000000


==============================

For r_p = 100.000000 :

r_p: 100.000000 , X_extr: 2.999995 , Number of iterations: 1

value of the non-penalized function at X = 2.999995 : 1.000000
value of the penalized function at X = 2.999995 : 1.000000


==============================

For r_p = 120.000000 :

r_p: 120.000000 , X_extr: 2.999997 , Number of iterations: 1

value of the non-penalized function at X = 2.999997 : 1.000000
value of the penalized function at X = 2.999997 : 1.000000


==============================

For r_p = 600.000000 :

r_p: 600.000000 , X_extr: 2.999998 , Number of iterations: 1

value of the non-penalized function at X = 2.999998 : 1.000000
value of the penalized function at X = 2.999998 : 1.000000
```

Listing 3.5 (Fortsetzung)

```
==============================
++++++++++++++++++++++++++++++
For X0 = 4.75
++++++++++++++++++++++++++++++
For r_p = 1.000000 :

r_p: 1.000000 , X_extr: 3.000014 , Number ofiterations: 29

value of the non-penalized function at X = 3.000014 : 1.000000
value of the penalized function at X = 3.000014 : 1.000000


==============================

For r_p = 10.000000 :

r_p: 10.000000 , X_extr: 3.000009 , Number ofiterations: 1

value of the non-penalized function at X = 3.000009 : 1.000000
value of the penalized function at X = 3.000009 : 1.000000


==============================

For r_p = 50.000000 :

r_p: 50.000000 , X_extr: 3.000006 , Number ofiterations: 1

value of the non-penalized function at X = 3.000006 : 1.000000
value of the penalized function at X = 3.000006 : 1.000000


==============================

For r_p = 100.000000 :

r_p: 100.000000 , X_extr: 3.000004 , Number ofiterations: 1

value of the non-penalized function at X = 3.000004 : 1.000000
value of the penalized function at X = 3.000004 : 1.000000


==============================

For r_p = 120.000000 :

r_p: 120.000000 , X_extr: 3.000003 , Number of iterations: 1

value of the non-penalized function at X = 3.000003 : 1.000000
value of the penalized function at X = 3.000003 : 1.000000
```

Listing 3.5 (Fortsetzung)

```
============================

For r_p = 600.000000 :

r_p: 600.000000 , X_extr: 3.000002 , Number of iterations: 1

value of the non-penalized function at X = 3.000002 : 1.000000
value of the penalized function at X = 3.000002 : 1.000000

============================
```

Listing 3.5 (Fortsetzung)

3.2   Die Methode der inneren Straffunktionen

Bei der Methode der inneren Straffunktionen werden die Ungleichheitsbedingungen $g_j(X)$ auf andere Weise als im vorherigen Abschnitt berücksichtigt. Ein gängiger Ansatz besteht darin, die Straffunktion[1] $P(X)$ zu postulieren als [4]

$$P(X) = \sum_{j=1}^{m} \frac{-1}{g_j(X)},\tag{3.30}$$

oder[2]

$$P(X) = \sum_{j=1}^{m} - \ln\left[-g_j(X)\right].\tag{3.31}$$

Somit lässt sich die Pseudo-Straffunktion $\Phi(X)$ in ihrer allgemeinen Formulierung, d. h. unter Berücksichtigung der Bedingungen der Ungleichheit (g_j) und der Gleichheit (h_k), wie folgt angeben:

$$\Phi\left(X, r'_p, r_p\right) = F(X) + r'_p \times P(X) + r_p \times \sum_{k=1}^{l} [h_k(X)]^2,\tag{3.32}$$

---

[1] Im Zusammenhang mit der inneren Straffunktion wird $P(X)$ auch als Barrierefunktion bezeichnet. Dann wird der Strafparameter r'_p als Barriereparameter bezeichnet.

[2] Beachten Sie, dass der natürliche Logarithmus manchmal als $\ln(x) = \log(x)$ geschrieben wird, d. h. als „log"-Funktion ohne tiefgestellten Index.

wobei r'_p der Strafparameter für die Ungleichheitsbedingungen und r_p der Straf-parameter für die Gleichheitsbedingungen ist. Während der algorithmischen Itera-tion wird r'_p verringert, während r_p wie bei der Exterieur-Methode erhöht wird.[3]

Veranschaulichen wir schematisch den Verlauf der Pseudo-Straffunktion für den vereinfachten Fall, dass die Zielfunktion $F(X)$ nur durch zwei Ungleichheitsbedin-gungen eingeschränkt wird $g_j(X)$, siehe Abb. 3.7a:

$$F(X), \tag{3.33}$$

$$g_1(X) \leq 0, \tag{3.34}$$

$$g_2(X) \leq 0. \tag{3.35}$$

Wenn man zusätzlich berücksichtigt, dass die Straffunktion durch Gl. (3.30) gege-ben ist, lautet die Pseudo-Straffunktion (siehe Abb. 3.7b):

$$\Phi\big(X, r'_p\big) = F(X) + r'_p \times \left(-\frac{1}{g_1(X)} - \frac{1}{g_2(X)} \right). \tag{3.36}$$

Der Algorithmus für die Methode der inneren Straffunktionen ist im Grunde der-selbe wie für die Methode der äußeren Straffunktionen, siehe Abb. 3.3. Der Unter-schied besteht jedoch darin, dass der Strafparameter r'_p für die Ungleichheitsbedin-gungen $g_j(X)$ bei der Methode der inneren Straffunktionen verringert wird.

3.4 Numerische Bestimmung des Minimums für eine Funktion mit zwei Ungleichheitsbedingungen auf der Grundlage der Methode der inneren Straffunktion

Bestimmen Sie mit Hilfe des Brute-Force-Algorithmus (Version 3) für die eindi-mensionale Suche das Minimum der Funktion $F(X)$ unter Berücksichtigung zweier Ungleichheitsbedingungen g_j im Bereich $0 \leq X \leq 5$ (siehe Abb. 3.8a für eine grafische Darstellung von $F(X)$ und g_j):

$$F(X) = \frac{1}{2} \times (X - 2)^2 + 1, \tag{3.37}$$

$$g_1(X) = \frac{1}{2} \times \left(\frac{1}{2} - X \right) \leq 0, \tag{3.38}$$

$$g_2(X) = X - 4 \leq 0. \tag{3.39}$$

---

[3]Die Behandlung der Gleichheitsbedingungen h_k ist für beide Ansätze, d. h. die innere und die äußere Straffunktionsmethode, gleich, siehe Gln. (3.32) und (3.8).

(a)

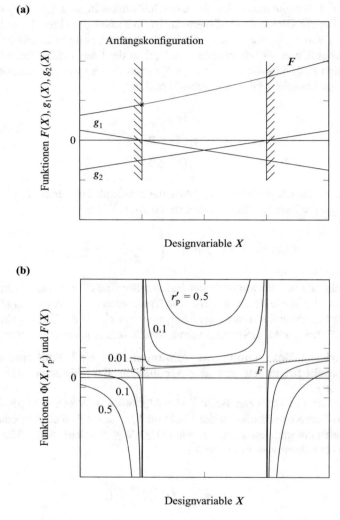

Designvariable X

(b)

Designvariable X

Abb. 3.7 a Allgemeine Konfiguration einer beschränkten Funktion $F(X)$. Die beiden Ungleich-heitsbedingungen $g_1 \leq 0$ und $g_2 \leq 0$ begrenzen den verfügbaren Designraum. **b** Pseudo-Zielfunk-tion $\Phi(X)$ für verschiedene Werte des Strafmultiplikators r'_p

(a)

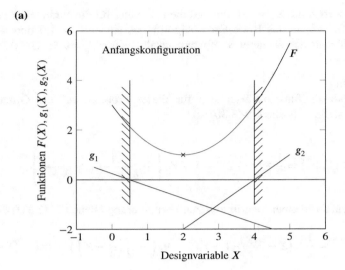

(b)

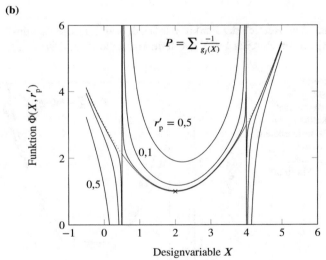

Abb. 3.8 a Darstellung der Zielfunktion $F(X)$ (in blauer Farbe) und der beiden Ungleichheitsbedingungen $g_1 \leq 0$ und $g_2 \leq 0$. **b** Pseudo-Zielfunktion $\Phi(X)$ für verschiedene Werte des Strafmultiplikators $r'_p = 0{,}5; 0{,}1; 0{,}01$ basierend auf der Bruchdarstellung. Exakte Lösung für das Minimum: $X_{extr} = 2{,}0$

Der Startwert sollte $X_0 = 3{,}0$ sein und die Parameter für die eindimensionale Suche auf der Grundlage des Brute-Force-Algorithmus sind $\alpha^{(i)} = 1{,}0$ und $n = 1000$. Weisen Sie für den skalaren Strafparameter die Werte $r'_p = 0{,}5$; $0{,}4$; $0{,}3$; $0{,}2$; $0{,}1$ und $0{,}01$ zu.

3.4 Lösung

Die Pseudo-Zielfunktion lässt sich für dieses Problem auf der Grundlage der Bruchdarstellung (siehe Gl. (3.30)) als

$$\Phi\left(X, r'_p\right) = \frac{1}{2} \times (X - 2)^2 + 1 + r'_p \left\{ -\frac{1}{\frac{1}{2}\left(\frac{1}{2} - X\right)} - \frac{1}{X - 4} \right\}, \qquad (3.40)$$

oder alternativ in einer logarithmischen Formulierung (siehe Gl. (3.31)) darstellen:

$$\Phi\left(X, r'_p\right) = \frac{1}{2} \times (X - 2)^2 + 1 + r'_p \left\{ -\ln\left(-\frac{1}{2}\left(\frac{1}{2} - X\right)\right) - \ln\left(-(X - 4)\right) \right\}. \qquad (3.41)$$

Basierend auf dem Bereich der Funktion $\ln(x)$, d. h. IR^+, ist die Pseudo-Straffunktion in Gl. (3.41) nur im Bereich $\frac{1}{2} \leq X \leq 4$ definiert, siehe Abb. 3.9.

Abb. 3.9 Pseudo-Zielfunktion $\Phi(X)$ für verschiedene Werte des Strafmultiplikators $r'_p = 0{,}5$; $0{,}1$; $0{,}01$ basierend auf der logarithmischen Formulierung. Exakte Lösung für das Minimum: $X_{\text{extr}} = 2{,}0$

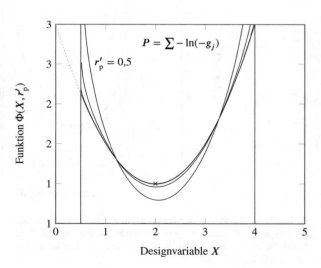

Das folgende Listing 3.6 zeigt den gesamten wxMaxima-Code zur Bestimmung des Minimums für die Funktionsmenge der Gl. (3.37)–(3.39) basierend auf den Ansätzen (3.40) und (3.41).

```
(% i3)    load("my_funs.mac")$
          load(to_poly_solve)$ /* um zu prüfen, ob alle Wurzeln real sind
          (isreal_p(X)) */ ratprint : false$


(% i32) f (X) := (1/2)*(X-2)^2 + 1$
          g[1](X) := (1/2)*((1/2)-X)$
          g[2](X) := X-4$

          Xmin : -1$
          Xmax : 6$
          X0 : 3$
          alpha : 1$
          n : 1000$

          r_p : [0]$
          r_p_prime_list : [0.5, 0.4, 0.3, 0.2, 0.1, 0.01]$
          gamma : 1$

          print("===============================")$
          print("========== Lösung ==========")$
          print("===============================")$
          drucken(" ")$
          print("Die Pseudo-Objektivfunktion:")$
          print(" ")$
          print("Fractional")$
          pseudo_function_interior_penalty("Fractional")$
          print(%Phi,"=",func(X))$
          drucken(" ")$
          drucken("Logarithmisch")$
          pseudo_function_interior_penalty("Logarithmic")$
          print(%Phi,"=",func(X))$
          print(" ")$
          print("===============================")$
          X0_frac : X0$
          X0_log : X0$
          for i:1 thru length(r_p_prime_list) do (
             r_p_0 : r_p[1],
             r_p_prime_0 : r_p_prime_list[i],
             print(" "),
             printf(true, "~%Für r_p_prime = ~,6f :", r_p_prime_0),
             print(" "),
             printf(true, "~%Fractional penalty
             function:"), type : "Fractional",
```

Listing 3.6 Numerische Bestimmung des Minimums für die Funktion (3.37) unter Berücksichtigung der Ungleichheitsbedingungen g_1 und g_2 im Bereich $0 \leq X \leq 6$ mit Hilfe der Methode der inneren Straffunktion

```
X_extr_frac : constrained_one_variable_interior_penalty(Xmin, Xmax,
                 X0_frac, n, alpha, r_p_0, r_p_prime_0, gamma, type),
printf(true, "~% Wert der nicht bestraften Funktion bei X = ~,6f : ~,6f",
                 X_extr_frac, f(X_extr_frac)),
printf(true, "~% Wert der bestraften Funktion bei X = ~,6f : ~,6f",
                 X_extr_frac, func(X_extr_frac)),
print(" "),
printf(true, "~%Logarithmic penalty function:"),
type :Ä'Â "Logarithmic",
X_extr_log : one_variable_constrained_interior_penalty(Xmin, Xmax,
                 X0_log, n, alpha, r_p_0, r_p_prime_0, gamma, type),
printf(true, "~% Wert der nicht bestraften Funktion bei X = ~,6f : ~,6f",
                 X_extr_log, f(X_extr_log)),
printf(true, "~% Wert der bestraften Funktion bei X = ~,6f : ~,6f",
                 X_extr_log, func(X_extr_log)),
print(" "),
print("============================="),
X0_frac : X_extr_frac,
X0_log : X_extr_log
)$
```

=========== Lösung ===========

Die pseudo-objektive Funktion: Fractional

$$\Phi = \left(-\frac{1}{X-4} - \frac{2}{\frac{1}{2}-X} \right) r\_p\_prime + \frac{(X-2)^2}{2} + 1$$

Logarithmische Darstellung

$$\Phi = \left(-\log(4-X) - \log\left(-\frac{\frac{1}{2}-X}{2} \right) \right) r\_p\_prime + \frac{(X-2)^2}{2} + 1$$

Für r_p_prime = 0.500000 :

Fractional penalty function:
X_0: 3.000000 , r_p_prime: 0.500000 , X_extr: 2.198500 , Anzahl der Iterationen:
116 Wert der nicht bestraften Funktion bei X = 2,198500 : 1,019701
Wert der bestraften Funktion bei X = 2,198500 : 1,886002

Listing 3.6 (Fortsetzung)

Logarithmische Straffunktion:
X_0: 3.000000 , r_p_prime: 0.500000 , X_extr: 2.065500 , Anzahl der Iterationen: 135
Wert der nicht bestraften Funktion bei X = 2,065500 : 1,002145
Wert der bestraften Funktion bei X = 2,065500 : 0,794692

====================================

Für r_p_prime = 0.400000 :

Fractional penalty function:
X_0: 2.198500 , r_p_prime: 0.400000 , X_extr: 2.174000 , Anzahl der Iterationen: 5
Wert der nicht bestraften Funktion bei X = 2.174000 : 1.015138
Wert der bestraften Funktion bei X = 2,174000 : 1,712093

Logarithmische Straffunktion:
X_0: 2.065500 , r_p_prime: 0.400000 , X_extr: 2.055000 , Anzahl der Iterationen: 3
Wert der nicht bestraften Funktion bei X = 2.055000 : 1.001513
Wert der bestraften Funktion bei X = 2.055000 : 0.836076

====================================

Für r_p_prime = 0.300000 :

Fractional penalty function:
X_0: 2.174000 , r_p_prime: 0.300000 , X_extr: 2.142500 , Anzahl der Iterationen: 6
Wert der nicht bestraften Funktion bei X = 2.142500 : 1.010153
Wert der bestraften Funktion bei X = 2,142500 : 1,536957

Logarithmische Straffunktion:
X_0: 2.055000 , r_p_prime: 0.300000 , X_extr: 2.044500 , Anzahl der Iterationen: 3
Wert der nicht bestraften Funktion bei X = 2,044500 : 1,000990
Wert der bestraften Funktion bei X = 2,044500 : 0,877330

====================================

Für r_p_prime = 0.200000 :

Fractional penalty function:
X_0: 2.142500 , r_p_prime: 0.200000 , X_extr: 2.104000 , Anzahl der Iterationen: 7
Wert der nicht bestraften Funktion bei X = 2.104000 : 1.005408
Wert der bestraften Funktion bei X = 2,104000 : 1,360270

Logarithmische Straffunktion:
X_0: 2.044500 , r_p_prime: 0.200000 , X_extr: 2.034000 , Anzahl der Iterationen: 3
Wert der nicht bestraften Funktion bei X = 2.034000 : 1.000578
Wert der bestraften Funktion bei X = 2.034000 : 0.918431

====================================

Für r_p_prime = 0.100000 :

Listing 3.6 (Fortsetzung)

Fractional penalty function:
X_0: 2.104000 , r_p_prime: 0.100000 , X_extr: 2.058500 , Anzahl der Iterationen: 8
Wert der nicht bestraften Funktion bei X = 2,058500 : 1,001711
Wert der bestraften Funktion bei X = 2,058500 : 1,181546

Logarithmische Straffunktion:
X_0: 2.034000 , r_p_prime: 0.100000 , X_extr: 2.016500 , Anzahl der Iterationen: 4
Wert der nicht bestraften Funktion bei X = 2,016500 : 1,000136
Wert der bestraften Funktion bei X = 2,016500 : 0,959324

═══════════════════════════════

Für r_p_prime = 0,010000 :

Fractional penalty function:
X_0: 2.058500 , r_p_prime: 0.010000 , X_extr: 2.013000 , Anzahl der Iterationen: 8
Wert der nicht bestraften Funktion bei X = 2.013000 : 1.000085
Wert der bestraften Funktion bei X = 2,013000 : 1,018336

Logarithmische Straffunktion:
X_0: 2.016500 , r_p_prime: 0.010000 , X_extr: 2.006000 , Anzahl der Iterationen: 3
Wert der nicht bestraften Funktion bei X = 2.006000 : 1.000018
Wert der bestraften Funktion bei X = 2,006000 : 0,995953

═══════════════════════════════

Listing 3.6 (Fortsetzung)

Tab. 3.2 fasst die Ergebnisse aus Listing 3.6 im Hinblick auf die Iterationszahlen und die gefundenen Minima zusammen. Es ist zu erkennen, dass die Bruchdarstellung und die logarithmische Formulierung der Straffunktion zu recht ähnlichen Ergebnissen in Bezug auf die Konvergenzgeschwindigkeit und das gefundene Minimum führen. Eine wichtige Schlussfolgerung aus diesem Beispiel ist jedoch, dass die Wahl des Startwertes (in unserem Fall: 3,0) innerhalb des Intervalls

Tab. 3.2 Vergleich der Iterationszahlen und der erreichten Minima für den Funktionssatz der Gln. (3.37)–(3.39) basierend auf dem Brute-Force-Ansatz und dem Newton-Verfahren

r'_p	Iterationen		X_{extr} (genauer Wert: 2,0)	
	Bruchdarstellung	Logarithmische Darstellung	Bruchdarstellung	Logarithmische Darstellung
0,5	116	135	2,198500	2,065500
0,4	5	3	2,174000	2,055000
0,3	6	3	2,142500	2,044500
0,2	7	3	2,104000	2,034000
0,1	8	4	2,058500	2,016500
0,01	8	3	2,013000	2,006000

$0,5 < X < 4$ liegen muss. Jede Wahl außerhalb dieses Intervalls hätte das Minimum ($X_{\text{extr}} = 2{,}0$) der Zielfunktion nicht erkannt.

3.5 Numerische Bestimmung des Minimums für eine Funktion mit einer Ungleichheitsbeschränkung auf der Grundlage der Methode der inneren Straffunktion

Bestimmen Sie mit Hilfe des Brute-Force-Algorithmus (Version 3) für die eindimensionale Suche das Minimum der Funktion $F(X)$ unter Berücksichtigung einer Ungleichheitsbedingung g im Bereich $-1 \leq X \leq 4$ (siehe Abb. 3.5a für eine grafische Darstellung von $F(X)$ und g):

$$F(X) = (X-3)^2 + 1, \qquad (3.42)$$

$$g(X) = \sqrt{x} - \sqrt{2} \leq 0. \qquad (3.43)$$

Der Startwert sollte $X_0 = 1{,}0$ sein und die Parameter für die eindimensionale Suche auf der Grundlage des Brute-Force-Algorithmus sind $\alpha^{(i)} = 1{,}0$ und $n = 1000$. Weisen Sie für den skalaren Strafparameter die Werte $r'_{\text{p}} = 0{,}5$; $0{,}4$; $0{,}3$; $0{,}2$; $0{,}1$ und $0{,}01$ zu.

3.5 Lösung

Die Pseudo-Zielfunktion (siehe Abb. 3.10) lässt sich für dieses Problem auf der Grundlage der Bruchdarstellung (siehe Gl. (3.30)) als

$$\Phi\left(X, r'_{\text{p}}\right) = (X-3)^2 + 1 + r'_{\text{p}} \left\{ -\frac{1}{\sqrt{x}-\sqrt{2}} \right\}, \qquad (3.44)$$

oder alternativ in einer logarithmischen Formulierung (siehe Gl. (3.31))

$$\Phi\left(X, r'_{\text{p}}\right) = (X-3)^2 + 1 + r'_{\text{p}} \left\{ -\ln\left(-\sqrt{x}+\sqrt{2}\right) \right\}. \qquad (3.45)$$

Ausgehend vom Bereich der Funktion $\ln(x)$, d. h. IR^+, ist die Pseudo-Straffunktion in Gl. (3.45) nur im Bereich $X \leq 2$ definiert, siehe Abb. 3.10b.

(a)

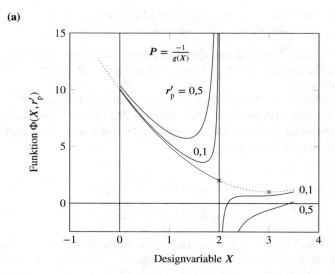

(b)

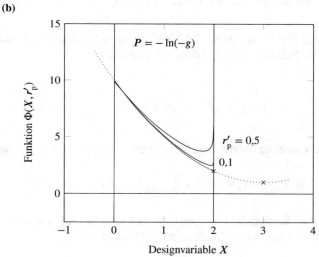

Abb. 3.10 Pseudo-Zielfunktion $\Phi\left(X, r'_p\right)$ für verschiedene Werte des Strafmultiplikators $r'_p =$ 0,5; 0,1 : **a** $P = \frac{-1}{g(X)}$, **b** $P = -\ \ln(-g)$. Exakte Lösung für das Minimum: $X_{extr} = 2{,}0$

Das folgende Listing 3.7 zeigt den gesamten wxMaxima-Code für die Bestimmung des Minimums für die in den Gln. (3.42) und (3.43) gegebene Funktionsmenge auf der Grundlage der Ansätze (3.44) und (3.45).

```
(% i3)      load("my_funs.mac")$
            load(to_poly_solve)$ /* um zu prüfen, ob alle Wurzeln real sind
            (isreal_p(X))) */ ratprint : false$

(% i31) f (X) := (X-3)^2 + 1$
            g[1](X) := sqrt(x)-sqrt(2)$


Xmin : -1$
Xmax : 4$
X0 : 1$
alpha : 1$
n : 1000$


r_p : [0]$
r_p_prime_list : [0.5, 0.4, 0.3, 0.2, 0.1, 0.01]$
gamma : 1$

print("=============================")$
print("=========== Lösung ==========")$
print("=============================")$
drucken(" ")$
print("Die Pseudo-Objektiv-Funktion:")$
print(" ")$
print("Fractional")$
pseudo_function_interior_penalty("Fractional")$
print(%Phi,"=",func(X))$
drucken(" ")$
drucken("Logarithmisch")$
pseudo_function_interior_penalty("Logarithmic")$
print(%Phi,"=",func(X))$
print(" ")$
print("=============================")$
X0_frac : X0$
X0_log : X0$
for i:1 thru length(r_p_prime_list) do (
  r_p_0 : r_p[1],
  r_p_prime_0 : r_p_prime_list[i],
  print(" "),
  printf(true, "~%Für r_p_prime = ~,6f :", r_p_prime_0),
  print(" "),
  printf(true, "~%Fractional penalty function:"),
  type :Ä'Â "Fractional",
  X_extr_frac : constrained_one_variable_interior_penalty(Xmin, Xmax,
                  X0_frac, n, alpha, r_p_0, r_p_prime_0, gamma, type),
  printf(true, "~% Wert der nicht bestraften Funktion bei X = ~,6f : ~,6f", X_extr_frac,
                  f(X_extr_frac)),
  printf(true, "~% Wert der bestraften Funktion bei X = ~,6f : ~,6f",

                  X_extr_frac, func(X_extr_frac)),
```

Listing 3.7 Numerische Bestimmung des Minimums für die Funktion (3.42) unter Berücksichtigung der Ungleichheitsbedingungen g_1 und g_2 im Bereich $1 \leq X \leq 4$ auf der Basis der Methode der inneren Straffunktion

```
print(" "),
printf(true, "~%Logarithmische Straffunktion:"),
type : "Logarithmisch",
X_extr_log : one_variable_constrained_interior_penalty(Xmin, Xmax,
                       X0_log, n, alpha, r_p_0, r_p_prime_0, gamma, type),
printf(true, "~% Wert der nicht bestraften Funktion bei X = ~,6f : ~,6f", X_extr_log,
                       f(X_extr_log)),
printf(true, "~% Wert der bestraften Funktion bei X = ~,6f : ~,6f",
                       X_extr_log, func(X_extr_log)),
print(" "),
print("============================="),
X0_frac : X_extr_frac,
X0_log : X_extr_log
)$
```

============================
=========== Lösung ===========
============================

Die pseudo-objektive Funktion:

Fractional

$$\Phi = \frac{r\_p\_prime}{\sqrt{X} - \sqrt{2}} + (X-3)^2 + 1$$

Logarithmische Darstellung

$$\Phi = -\log\left(\sqrt{2} - \sqrt{X}\right) r\_p\_prime + (X-3)^2 + 1$$

============================

Für r_p_prime = 0.500000 :

Fractional penalty function:
X_0: 1.000000 , r_p_prime: 0.500000 , X_extr: 1.347500 , Anzahl der Iterationen:
70 Wert der nicht bestraften Funktion bei X = 1,347500 : 3,730756
Wert der bestraften Funktion bei X = 1,347500 : 5,703961

Logarithmische Straffunktion:
X_0: 1.000000 , r_p_prime: 0.500000 , X_extr: 1.792500 , Anzahl der Iterationen:
159 Wert der nicht bestraften Funktion bei X = 1,792500 : 2,458056
Wert der bestraften Funktion bei X = 1,792500 : 3,750724

============================

Listing 3.7 (Fortsetzung)

Für r_p_prime = 0.400000 :

Fractional penalty function:
X_0: 1.347500 , r_p_prime: 0.400000 , X_extr: 1.405000 , Anzahl der Iterationen: 12
Wert der nicht bestraften Funktion bei X = 1.405000 : 3.544025
Wert der bestraften Funktion bei X = 1.405000 : 5.291615

Logarithmische Straffunktion:
X_0: 1.792500 , r_p_prime: 0.400000 , X_extr: 1.830000 , Anzahl der Iterationen: 8
Wert der nicht bestraften Funktion bei X = 1.830000 : 2.368900
Wert der bestraften Funktion bei X = 1,830000 : 3,484787

====================================

Für r_p_prime = 0.300000 :
Fractional penalty function:
X_0: 1.405000 , r_p_prime: 0.300000 , X_extr: 1.472500 , Anzahl der Iterationen: 14
Wert der nicht bestraften Funktion bei X = 1,472500 : 3,333256
Wert der bestraften Funktion bei X = 1,472500 : 4,827671

Logarithmische Straffunktion:
X_0: 1.830000 , r_p_prime: 0.300000 , X_extr: 1.867500 , Anzahl der Iterationen: 8
Wert der nicht bestraften Funktion bei X = 1,867500 : 2,282556
Wert der bestraften Funktion bei X = 1,867500 : 3,195727

====================================

Für r_p_prime = 0.200000 :

Fractional penalty function:
X_0: 1.472500 , r_p_prime: 0.200000 , X_extr: 1.560000 , Anzahl der Iterationen: 18
Wert der nicht bestraften Funktion bei X = 1.560000 : 3.073600
Wert der bestraften Funktion bei X = 1.560000 : 4.284151

Logarithmische Straffunktion:
X_0: 1.867500 , r_p_prime: 0.200000 , X_extr: 1.910000 , Anzahl der Iterationen: 9
Wert der nicht bestraften Funktion bei X = 1.910000 : 2.188100
Wert der bestraften Funktion bei X = 1,910000 : 2,875344

====================================

Für r_p_prime = 0.100000 :

Fractional penalty function:
X_0: 1.560000 , r_p_prime: 0.100000 , X_extr: 1.677500 , Anzahl der Iterationen: 24
Wert der nicht bestraften Funktion bei X = 1,677500 : 2,749006
Wert der bestraften Funktion bei X = 1,677500 : 3,589129

Logarithmische Straffunktion:
X_0: 1.910000 , r_p_prime: 0.100000 , X_extr: 1.952500 , Anzahl der Iterationen: 9
Wert der nicht bestraften Funktion bei X = 1,952500 : 2,097256
Wert der bestraften Funktion bei X = 1,952500 : 2,505332

Listing 3.7 (Fortsetzung)

Für r_p_prime = 0,010000 :

Fractional penalty function:
X_0: 1.677500 , r_p_prime: 0.010000 , X_extr: 1.890000 , Anzahl der Iterationen: 43
Wert der nicht bestraften Funktion bei X = 1.890000 : 2.232100
Wert der bestraften Funktion bei X = 1,890000 : 2,485644
Logarithmische Straffunktion:
X_0: 1.952500 , r_p_prime: 0.010000 , X_extr: 1.995000 , Anzahl der Iterationen: 9
Wert der nicht bestraften Funktion bei X = 1.995000 : 2.010025
Wert der bestraften Funktion bei X = 1,995000 : 2,073399

Listing 3.7 (Fortsetzung)

Tab. 3.3 fasst die Ergebnisse aus Listing 3.7 im Hinblick auf die Iterationszahlen und die gefundenen Minima zusammen. Es ist zu erkennen, dass die logarithmische Formulierung der Straffunktion zu etwas besseren Ergebnissen hinsichtlich der Konvergenzgeschwindigkeit und des gefundenen Minimums im Vergleich zur Bruchdarstellung führt. Eine wichtige Schlussfolgerung aus diesem Beispiel ist

Tab. 3.3 Vergleich der Iterationszahlen und der erreichten Minima für die in den Gl. (3.42) und (3.43) angegebenen Funktionen auf der Grundlage des Brute-Force-Ansatzes und des Newton-Verfahrens

r'_p	Iterationen		X_{extr} (genauer Wert: 2,0)	
	Bruchdarstellung	Logarithmische Darstellung	Bruchdarstellung	Logarithmische Darstellung
0,5	70	159	1,347500	1,792500
0,4	12	8	1,405000	1,830000
0,3	14	8	1,472500	1,867500
0,2	18	9	1,560000	1,910000
0,1	24	9	1,677500	1,952500
0,01	43	9	1,890000	1,99500

wiederum, dass die Wahl des Startwertes (in unserem Fall: 1,0) innerhalb des Intervalls $0 < X < 2$ liegen muss. Jede Wahl außerhalb dieses Intervalls würde das Minimum ($X_{extr} = 2,0$) der Zielfunktion kaum finden.

3.3 Ergänzende Probleme

3.6 Numerische Bestimmung der optimalen Konstruktion eines Kragträgers

Gegeben ist ein Kragträger, wie in Abb. 3.11 dargestellt. Der Träger wird durch eine einzelne Kraft F_0 belastet und hat konstante Material- (E, ϱ) und geometrische Eigenschaften (I) entlang seiner Achse. Das Material ist isotrop und homogen und die Balkentheorie für dünne Balken (Euler-Bernoulli) sollte für dieses Beispiel angewendet werden, siehe [2].

Gegeben sind:

- Geometrische Abmessungen: $L = 2540$ mm.
- Materialeigenschaften des Trägers: Elastizitätsmodul $E = 68.948$ MPa, Massendichte $\varrho = 2691$ kg/m^3, Anfangsfließgrenze $R_{p0,2} = 247$ MPa.
- Belastung: $F_0 = 2667$ N.

Bestimmen Sie die optimale Querschnittsabmessung a unter der Bedingung, dass die wirkende Spannung die Anfangsfließgrenze nicht überschreitet. Außerdem soll der Träger eine maximale Durchbiegung von $u_z(L) = r_1 L$ mit $r_1 = 0,03$ nicht überschreiten. Verwenden Sie zur Lösung dieses Problems die Methode der äußeren Straffunktionen.

3.7 Numerische Bestimmung der optimalen Auslegung einer Druckstrebe

Gegeben ist eine Druckstrebe wie in Abb. 3.12 dargestellt. Der Stab wird durch eine einzige Kraft F_0 belastet und hat konstante Material- (E, ϱ) und geometrische Eigenschaften (A) entlang seiner Achse. Außerdem ist das Material isotrop und homogen.

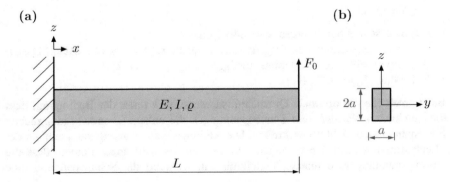

Abb. 3.11 **a** Allgemeine Konfiguration des Balkenproblems; **b** Querschnittsfläche

(a)   (b)

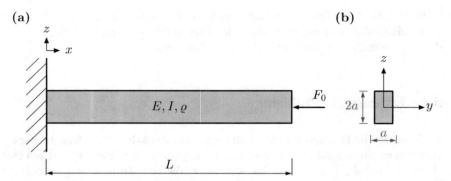

Abb. 3.12 a Allgemeine Konfiguration der Druckstrebe; **b** Querschnittsfläche

Gegeben sind:

- Geometrische Abmessungen: $L = 1000$ mm.
- Materialeigenschaften des Stabes: Elastizitätsmodul $E = 70.000$ MPa, Massendichte $\varrho = 2691$ kg/m^3, Anfangsfließgrenze $R_{p0,2} = 247$ MPa.
- Belastung: $F_0 = 2667$ N.

Bestimmen Sie das optimale Querschnittsmaß a unter der Bedingung, dass die wirkende Spannung die Anfangsfließgrenze nicht überschreitet. Außerdem soll der Stab im elastischen Bereich nicht knicken. Einige Aspekte der erforderlichen Theorien der Werkstoffmechanik sind in [1–3] zu finden. Zur Lösung dieses Problems wird die Methode der äußeren Straffunktionen verwendet.

3.8 Numerische Bestimmung des optimalen Entwurfs eines kurzen Kragträgers
Gegeben ist ein kurzer Kragträger, wie in Abb. 3.13 dargestellt. Der Träger wird durch eine einzelne Kraft F_0 belastet und hat konstante Material- (E, ϱ) und geometrische Eigenschaften (I) entlang seiner Achse. Das Material ist isotrop und homogen und die Balkentheorie für dicke Balken sollte für dieses Beispiel angewandt werden, siehe [1–3] für Details zur Theorie.

Gegeben sind:

- Geometrische Abmessungen: $L = 846{,}33$ mm.
- Materialeigenschaften des Trägers: Elastizitätsmodul $E = 68.948$ MPa, Massendichte $\varrho = 2691$ kg/m^3, Anfangsfließgrenze $R_{p0,2} = 247$ MPa.
- Belastung: $F_0 = 2667$ N.

Bestimmen Sie die optimale Querschnittsabmessung a unter der Bedingung, dass die maximalen *Normal- und* Schubspannungen die entsprefchenden anfänglichen Fließspannungen nicht überschreiten. Die Anfangsschubspannung kann anhand der Fließbedingung nach Tresca angenähert werden. Es wird angenommen, dass die Normalspannung eine lineare Verteilung hat, während die Schubspannung eine

Abb. 3.13 a Allgemeiner
Konfiguration des Problems
des kurzen Balkens;
b Querschnittsfläche

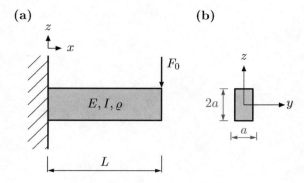

parabolische Verteilung über die Balkenhöhe hat. Verwenden Sie zur Lösung dieses
Problems die Methode der äußeren Straffunktionen.

Literatur

1. Boresi AP, Schmidt RJ (2003) Advanced mechanics of materials. Wiley, New York
2. Öchsner A (2014) Elasto-plasticity of frame structure elements: modeling and simulation of rods
   and beams. Springer, Berlin
3. Öchsner A (2016) Continuum damage and fracture mechanics. Springer, Singapore
4. Vanderplaats GN (1999) Numerical optimization techniques for engineering design. Vanderplaats Research & Development, Colorado Springs

Kapitel 4
Unbeschränkte Funktionen von mehreren Variablen

Zusammenfassung In diesem Kapitel werden zwei klassische numerische Methoden vorgestellt, um das Minimum einer unimodalen Funktion mehrerer Variablen zu finden. Die erste Methode, d. h. die Methode des steilsten Abstiegs, ist ein typischer Vertreter der Methoden erster Ordnung, die funktionale Bewertungen der Zielfunktion und die Berechnung des Gradientenoperators erfordert. Die zweite Methode, d. h. die Newton-Methode, ist ein typischer Vertreter der Methoden zweiter Ordnung und erfordert die Auswertung des Gradientenoperators, der Hesse-Matrix sowie funktionale Auswertungen der Zielfunktion.

4.1 Allgemeine Einführung in das unbeschränkte mehrdimensionale Optimierungsproblem

Betrachten wir im Folgenden eine skalare Zielfunktion $F(X)$, wobei das Argument eine Spaltenmatrix mit n Designvariablen ist: $X = \{X_1\ X_2\ X_3 \ldots\ X_n\}^{\mathrm{T}}$. Die Aufgabe, das Minimum einer solchen Funktion zu finden, kann auf der Grundlage verschiedener Methoden angegangen werden, die im Allgemeinen in Tab. 4.1 zusammengefasst sind.

Der Gradientenoperator ist durch die Ableitungen erster Ordnung definiert

$$\nabla F(X) = \left\{ \begin{array}{c} \dfrac{\partial F(X)}{\partial X_1} \\[2mm] \dfrac{\partial F(X)}{\partial X_2} \\[1mm] \vdots \\[1mm] \dfrac{\partial F(X)}{\partial X_n} \end{array} \right\}, \tag{4.1}$$

A. Öchsner, R. Makvandi, *Numerische technische Optimierung*,
https://doi.org/10.1007/978-3-031-15015-9_4

Tab. 4.1 Allgemeine Klassifizierung von Optimierungsansätzen, um das Minimum einer Zielfunktion zu finden. Informationen entnommen aus [5]

Näherung	Merkmale
Methoden der nullten Ordnung	Verwenden nur Funktionswerte
Methoden erster Ordnung	Nutzung von Funktionswerten und Gradienteninformationen
Methoden zweiter Ordnung	Verwendung von Funktionswerten, Gradienteninformationen und der Hesse-Matrix

und die Ableitungen zweiter Ordnung sind in der so genannten Hesse-Matrix [1] zusammengefasst:

$$
H(X) = \begin{bmatrix}
\dfrac{\partial^2 F(X)}{\partial X_1^2} & \dfrac{\partial^2 F(X)}{\partial X_1 \partial X_2} & \cdots & \dfrac{\partial^2 F(X)}{\partial X_1 \partial X_n} \\[2ex]
\dfrac{\partial^2 F(X)}{\partial X_2 \partial X_1} & \dfrac{\partial^2 F(X)}{\partial X_2^2} & \cdots & \dfrac{\partial^2 F(X)}{\partial X_2 \partial X_n} \\[2ex]
\vdots & \vdots & & \vdots \\[2ex]
\dfrac{\partial^2 F(X)}{\partial X_n \partial X_1} & \dfrac{\partial^2 F(X)}{\partial X_n \partial X_2} & \cdots & \dfrac{\partial^2 F(X)}{\partial X_n^2}
\end{bmatrix} . \tag{4.2}
$$

Erinnern wir uns daran, dass die notwendigen und hinreichenden Bedingungen für eine skalare Funktion, um zumindest ein lokales Minimum zu haben, als $\frac{dF(X)}{dX} = 0$ und $\frac{d^2 F(X)}{d^2 X} > 0$ ausgedrückt werden können. Dies kann für den n-dimensionalen Fall unter Verwendung des Gradientenoperators (4.1) zu der folgenden notwendigen Bedingung verallgemeinert werden:

$$
\nabla F(X) = 0. \tag{4.3}
$$

Die Verallgemeinerung der hinreichenden Bedingung bedeutet, dass die Hesse-Matrix positiv definiert sein muss, d. h. *alle* Eingenwerte der Matrix müssen positiv sein.

Der allgemeine Optimierungsalgorithmus für ein unbeschränktes Problem wird allgemein wie folgt postuliert [5]

$$
X_{\text{new}} = X_{\text{old}} + \alpha_{\text{old}}^* S_{\text{old}}, \tag{4.4}
$$

wobei S die Suchrichtung und α^* ein skalarer Multiplikator ist, der den Betrag der Änderung für jede Iteration bestimmt. Es ist anzumerken, dass es von Vorteil sein kann, S um seine maximale absolute Komponente $|S_i|$ zu normieren.

Eine algorithmische Umsetzung einer allgemeinen, nicht beschränkten Minimierungsstrategie für mehrere Designvariablen ist in Abb. 4.1 dargestellt. Für die eindimensionale Suche stehen die in Tab. 4.1 kategorisierten Verfahren zur Verfügung.

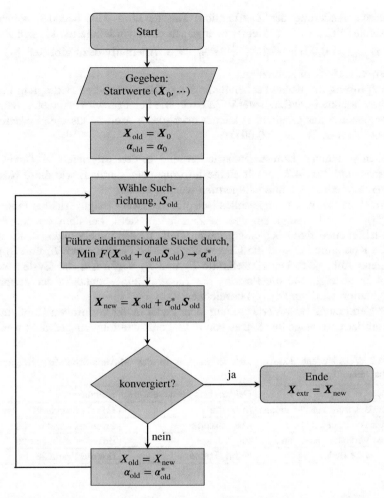

Abb. 4.1 Flussdiagramm einer allgemeinen, uneingeschränkten Minimierungsstrategie für mehrere Designvariablen. Angepasst von [5]

Die Konvergenz des Algorithmus, wie sie in Abb. 4.1 („konvergiert?") allgemein angegeben ist, kann – je nach Algorithmus – auf verschiedenen Kriterien beruhen, siehe [5]:

- Maximale Anzahl von Iterationen: Die Iteration wird beendet, sobald die Iterationszahl eine große vordefinierte Zahl N_{max} überschreitet.
- Absolute Änderung der Zielfunktion: Die Iteration wird beendet, sobald die absolute Differenz in F kleiner oder gleich einer vordefinierten kleinen Zahl ist (z. B. $\varepsilon_{abs} = 0{,}001$): $|F(X_{new}) - F(X_{old})| \leq \varepsilon_{abs}$.

- Relative Änderung der Zielfunktion: Die Iteration wird beendet, sobald die absolute Differenz in F kleiner oder gleich einer vordefinierten kleinen Zahl ist (z. B. $\varepsilon_{\text{rel}} = 0{,}001$): $\frac{|F(X_{\text{new}}) - F(X_{\text{old}})|}{\text{Max}\left[|F(X_{\text{new}})|,\, 10^{-10}\right]} \leq \varepsilon_{\text{rel}}$. Alternativ dazu gibt Ref. [4] einen Wert von 10^{-8} im Nenner an.
- Überprüfung der Kuhn-Tucker-Bedingung: Die notwendige Bedingung für eine unbeschränkte Funktion lautet $\nabla F(X) = \mathbf{0}$. Die Iteration wird beendet, sobald jede Komponente des Gradienten kleiner oder gleich groß ist als eine vordefinierte kleine Zahl (z. B. $\varepsilon_{\text{KT}} = 0{,}001$).

Die oben genannten Konvergenzkriterien sind in den folgenden Maxima-Codes verfügbar, und Tab. 4.2 enthält einige Informationen darüber, wie diese Kriterien in unseren Maxima-Modulen aufgerufen werden können.

Betrachten wir nun ein spezielles Beispiel mit zwei Designvariablen (angepasst von [5]). Abb. 4.2 zeigt ein ebenes Zweifedersystem, bei dem die konstanten Federsteifigkeiten durch k_1 und gegeben sind. In der unbelasteten, d. h. unverformten Konfiguration sind die Längen der linearen Federn durch L_1 und L_2 gegeben, siehe Abb. 4.2a. Die Einzelkräfte P_1 und P_2 verformen das System wie in Abb. 4.2b gezeigt, und die Position des Lasteinleitungspunkts in der verformten Konfiguration wird mit (X_1, X_2) bezeichnet.

Die Verkürzung oder Verlängerung jeder Feder in der verformten Konfiguration kann auf der Grundlage des Satzes von Pythagoras wie folgt ausgedrückt werden:

Tab. 4.2 Verschiedene Konvergenzkriterien, die in der Maxima-Bibliothek my_funs.mac verfügbar sind

Kriterien	Deklaratives Schlüsselwort	Kommentar
Maximale Anzahl von Iterationen	max_iter	Erfordert maximum_iteration
Absolute Änderungen von F	abs_change	Erfordert variable eps
Relative Veränderungen von F	rel_change	Erfordert variable eps
Kuhn-Tucker-Bedingung	Kuhn_Tucker	Erfordert variable eps

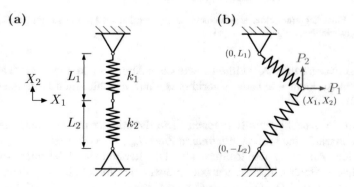

Abb. 4.2 Schematische Darstellung eines ebenen Zwei-Feder-Systems: **a** unverformte Konfiguration; **b** verformte Konfiguration. Angepasst von [5]

$$\Delta L_1 = \sqrt{X_1^2 + (L_1 - X_2)^2} - L_1, \qquad (4.5)$$

$$\Delta L_2 = \sqrt{X_1^2 + (L_2 + X_2)^2} - L_2. \qquad (4.6)$$

Die gesamte potenzielle Energie, d. h. die Summe aus der Dehnungsenergie (Π_i) und der durch die äußeren Lasten geleisteten Arbeit (Π_e), kann also wie folgt beschrieben werden:

$$\Pi = \Pi_i + \Pi_a, \qquad (4.7)$$

$$= \frac{1}{2} \times k_1 (\Delta L_1)^2 + \frac{1}{2} \times k_2 (\Delta L_2)^2 - P_1 X_1 - P_2 X_2,$$

$$(4.8)$$

$$= \frac{1}{2} \times k_1 \left(\sqrt{X_1^2 + (L_1 - X_2)^2} - L_1 \right)^2 + \frac{1}{2} \times k_2 \left(\sqrt{X_1^2 + (L_2 + X_2)^2} - L_2 \right)^2$$
$$- P_1 X_1 - P_2 X_2. \qquad (4.9)$$

Nach dem Prinzip der minimalen potentiellen Gesamtenergie erreicht die potentielle Gesamtenergie ein Minimum für eine Struktur in einem Gleichgewichtszustand [3]. Daher kann die gesamte potentielle Energie als Zielfunktion genommen werden, d. h. $F(X_1, X_2) = \Pi(X_1, X_2)$, siehe Abb. 4.3 für eine grafische Darstellung.

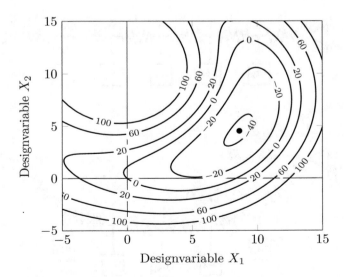

Abb. 4.3 Konturdiagramm der Zielfunktion $F(X_1, X_2)$ basierend auf den folgenden Parametern: $L_1 = 10$, $L_2 = 10$, $k_1 = 8$, $k_2 = 1$, $P_1 = 5$ und $P_2 = 5$ (konsistente Einheiten vorausgesetzt), angepasst von [5]. Exakte Lösung für das Minimum: $X_{1,\,extr} = 8{,}631$, $X_{2,\,extr} = 4{,}533$

Im Folgenden soll ein weiteres Beispiel vorgestellt werden (in Anlehnung an [5]). Abb. 4.4 zeigt ein ebenes Feder- und Gewichtssystem, das sich aus 6 Federn (römische Nummerierung I bis VI) und 5 verschiedenen Massen (arabische Nummerierung 2 bis 6) zusammensetzt. Die undeformierte Konfiguration, d. h. ohne die Wirkung einer der Massen, ist in Abb. 4.4a dargestellt. In dieser Situation sind alle Federn horizontal ausgerichtet und ungedehnt.

Unter der Einwirkung der verschiedenen Massen verformt sich das System, und die verformte Form ist die unbekannte Größe. Wie im vorangegangenen Beispiel kann die gesamte potenzielle Energie, d. h. die Summe der Dehnungsenergie (Π_i) und der von den externen Lasten geleisteten Arbeit (Π_e), wie folgt angegeben werden:

$$\begin{aligned} \Pi &= \Pi_i + \Pi_a, \\ &= \frac{1}{2} \times k_I (\Delta L_I)^2 + \ldots + \frac{1}{2} \times k_{VI}(\Delta L_{VI})^2 - P_2 X_2^2 - \ldots - P_6 X_2^6, \end{aligned} \tag{4.10}$$

wobei die Längen der Federn auf der Grundlage der verformten Koordinaten der Gelenke $\left(i(X_1^i, X_2^i)\right.$ mit $i = 1, \ldots, 7)$ wie folgt ausgedrückt werden können:

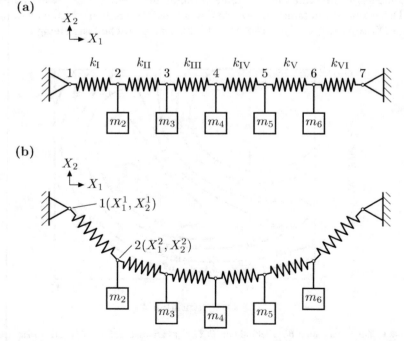

Abb. 4.4 Schematische Darstellung eines ebenen Feder- und Gewichtssystems: **a** undeformierte Konfiguration; **b** deformierte Konfiguration. Angepasst von [5]

$$\Delta L_{\mathrm{I}} = \sqrt{\left(X_1^2 - X_1^1\right)^2 + \left(X_2^2 - X_2^1\right)^2} - L_{\mathrm{I}}, \qquad (4.11)$$

$$\vdots$$

$$\Delta L_{\mathrm{VI}} = \sqrt{\left(X_1^7 - X_1^6\right)^2 + \left(X_2^7 - X_2^6\right)^2} - L_{\mathrm{VI}}. \qquad (4.12)$$

Für einen numerischen Ansatz nehmen wir an, dass jede Feder eine unverformte Länge von $L_i = 10$ m ($i = \mathrm{I}, \ldots, \mathrm{VI}$) hat und dass die Steifigkeiten wie folgt gegeben sind:

$$k_{\mathrm{I}} = 500 + 200\left(\frac{5}{3} - 1\right)^2 \ \mathrm{N/m}, \qquad (4.13)$$

$$k_{\mathrm{II}} = 500 + 200\left(\frac{5}{3} - 2\right)^2 \ \mathrm{N/m}, \qquad (4.14)$$

$$\vdots$$

$$k_{\mathrm{VI}} = 500 + 200\left(\frac{5}{3} - 6\right)^2 \ \mathrm{N/m}. \qquad (4.15)$$

Die vertikalen Kräfte, die an den Gelenken der Federn wirken, folgen der nachstehenden Konvention:

$$P_2 = m_2 g = -50 \times 1 \ \mathrm{N}, \qquad (4.16)$$

$$P_3 = m_2 g = -50 \times 2 \ \mathrm{N}, \qquad (4.17)$$

$$\vdots$$

$$P_6 = m_6 g = -50 \times 5 \ \mathrm{N}. \qquad (4.18)$$

Auf der Grundlage des Prinzips der minimalen potentiellen Gesamtenergie erreicht die potentielle Gesamtenergie ein Minimum für eine Struktur im Gleichgewichtszustand. Daher kann die gesamte potenzielle Energie als Zielfunktion genommen werden, d. h. $F\left(X_1^1, X_2^1, \ldots, X_1^7, X_2^7\right) = \Pi\left(X_1^1, X_2^1, \ldots, X_1^7, X_2^7\right)$. Da sich das erste und das letzte Gelenk nicht bewegen, können wir die Zielfunktionen vereinfachen zu

$$F\left(X_1^2, X_2^2, \ldots, X_1^6, X_2^6\right), \qquad (4.19)$$

was bedeutet, dass wir 10 Designvariablen $\left(X_1^2, \ldots, X_2^6\right)$ haben.

Die oben beschriebenen Federprobleme werden in den folgenden Abschnitten auf der Grundlage verschiedener Methoden numerisch gelöst.

4.2 Methoden erster Ordnung

Wir stellen hier ein klassisches Verfahren erster Ordnung vor, nämlich das Verfahren des steilsten Abstiegs, siehe [5]. Bei dieser Methode wird die Suchrichtung als negativer Gradient der Zielfunktion angenommen, d. h.

$$S = -\nabla F(X), \tag{4.20}$$

und die Aktualisierungsregel kann auf der Grundlage von Gl. (4.4) wie folgt geschrieben werden:

$$X_{\text{new}} = X_{\text{old}} - \alpha_{\text{old}}^* \nabla F(X_{\text{old}}). \tag{4.21}$$

Nach dem in Abb. 4.1 dargestellten Flussdiagramm kann eine Zielfunktion aus mehreren Entwurfsvariablen minimiert werden. Es sei an dieser Stelle darauf hingewiesen, dass in der Literatur effizientere Verfahren erster Ordnung vorgeschlagen werden, wie z. B. die Methode der konjugierten Richtung oder die Verfahren der variablen Metrik (siehe [5] für Einzelheiten). Dennoch ist die Methode des steilsten Abstiegs ein grundlegender Ansatz, der in vielen anderen Verfahren als Ausgangspunkt dient.

4.1 Numerische Bestimmung der Gleichgewichtslage eines ebenen Zwei-Feder-Systems mit Hilfe der Methode des steilsten Abstiegs

Bestimmen Sie die Gleichgewichtslage des in Abb. 4.2 und 4.3 gezeigten Zweifedersystems mit Hilfe des Verfahrens des steilsten Abstiegs. Starten Sie die Iteration von drei verschiedenen Anfangspunkten, d. h. $X_0 = [\,-4\quad 4\,]^{\text{T}}$, $X_0 = [\,1\quad 1\,]^{\text{T}}$ und $X_0 = [\,2{,}5\quad 12{,}5\,]^{\text{T}}$, und verwenden Sie verschiedene skalare Anfangsmultiplikatoren, d. h. $\alpha_0 = 1{,}0$ und $\alpha_0 = 2{,}0$. Beenden Sie die Iteration, sobald die Kuhn-Tucker-Bedingung auf der Grundlage von $\varepsilon_{\text{KT}} = 0{,}001$ erfüllt ist.

4.1 Lösung

Das folgende Listing 4.1 zeigt den gesamten wxMaxima-Code für die Bestimmung des Minimums der in Gl. (4.9) gegebenen Zielfunktion auf der Grundlage des steilsten Abstiegsverfahrens.

```
(% i19)    load("my_funs.mac")$

           fpprintprec:6$
           ratprint: false$

           L[1] : 10$
           L[2] : 10$
           P[1] : 5$
           P[2] : 5$
           k[1] : 8$
           k[2] : 1$

           eps : 1/1000$

           deltaL[1](X) := sqrt(X[1]^2+(L[1]-X[2])^2)-L[1]$
           deltaL[2](X) := sqrt(X[1]^2+(L[2]+X[2])^2)-L[2]$

           f[1](X) := 0.5*k[1]*deltaL[1](X)^2 - P[1]*X[1]$
           f[2](X) := 0.5*k[2]*deltaL[2](X)^2 - P[2]*X[2]$
           func(X) := f[1](X) + f[2](X)$

           no_of_vars : 2$

           X_0s : [[X[1]=-4,X[2]=4],[X[1]=1,X[2]=1],[X[1]=2.5,X[2]=12.5] ]$
           alpha_0 : 1$

           for i : 1 thru length(X_0s) do (
              print("==============================="),
              print(" "),
              print("For",X["0"] = X_0s[i]),
              print(" "),
              X_new : steepest_multi_variable_unconstrained(func,no_of_vars,X_0s[i],
               alpha_0,eps,"Kuhn_Tucker",true),
              print(X["1"] = rhs(X_new[1])),
              print(X["2"] = rhs(X_new[2])),
              print(" ")
           )$
```

Listing 4.1 Numerische Bestimmung des Minimums der Funktion (4.9) mit Hilfe der Methode des steilsten Abstiegs

```
==============================

For X[0]=[X[1]=-4,X[2]=4]

i=1 X=[X[1]=-4.74356,X[2]=1.82043] func(X)=19.5463
i=2 X=[X[1]=2.17286,X[2]=-0.539103] func(X)=-5.81089
i=3 X=[X[1]=7.27634,X[2]=14.4205] func(X)=20.1884
i=4 X=[X[1]=9.70551,X[2]=13.5918] func(X)=4.28329
i=5 X=[X[1]=5.98774,X[2]=2.69405] func(X)=-34.0399
i=6 X=[X[1]=6.96237,X[2]=2.36155] func(X)=-37.4025
i=7 X=[X[1]=7.42977,X[2]=3.73166] func(X)=-39.7435
i=8 X=[X[1]=7.97669,X[2]=3.54509] func(X)=-40.9806
i=9 X=[X[1]=8.23398,X[2]=4.29928] func(X)=-41.5369
i=10 X=[X[1]=8.44552,X[2]=4.22711] func(X)=-41.7329
i=11 X=[X[1]=8.53081,X[2]=4.47713] func(X)=-41.7894
i=12 X=[X[1]=8.58786,X[2]=4.45767] func(X)=-41.8038
i=13 X=[X[1]=8.60903,X[2]=4.51973] func(X)=-41.8072
i=14 X=[X[1]=8.62221,X[2]=4.51523] func(X)=-41.808
i=15 X=[X[1]=8.62698,X[2]=4.52923] func(X)=-41.8082
i=16 X=[X[1]=8.6299,X[2]=4.52824] func(X)=-41.8082
i=17 X=[X[1]=8.63095,X[2]=4.53132] func(X)=-41.8082
i=18 X=[X[1]=8.63159,X[2]=4.5311] func(X)=-41.8082
i=19 X=[X[1]=8.63182,X[2]=4.53178] func(X)=-41.8082
i=20 X=[X[1]=8.63196,X[2]=4.53173] func(X)=-41.8082
Converged after 20 iterations!
X[1]=8.63196
X[2]=4.53173v


==============================

For X[0]=[X[1]=1,X[2]=1]

i=1 X=[X[1]=2.57176,X[2]=0.0274139] func(X)=-12.5767
i=2 X=[X[1]=3.67502,X[2]=1.81036] func(X)=-20.4301
i=3 X=[X[1]=4.96798,X[2]=1.01029] func(X)=-27.4358
i=4 X=[X[1]=6.98568,X[2]=4.27103] func(X)=-35.2137
i=5 X=[X[1]=8.00284,X[2]=3.64163] func(X)=-41.1147
i=6 X=[X[1]=8.57244,X[2]=4.56216] func(X)=-41.7896
i=7 X=[X[1]=8.62904,X[2]=4.52714] func(X)=-41.8082
i=8 X=[X[1]=8.63201,X[2]=4.53194] func(X)=-41.8082
Converged after 8 iterations!
X[1]=8.63201
X[2]=4.53194
```

Listing 4.1 (Fortsetzung)

```
==============================

For X[0]=[X[1]=2.5,X[2]=12.5]

i=1 X=[X[1]=7.14027,X[2]=15.8506] func(X)=28.8429
i=2 X=[X[1]=11.0407,X[2]=10.4488] func(X)=-15.4037
i=3 X=[X[1]=3.03907,X[2]=4.67111] func(X)=33.6282
i=4 X=[X[1]=5.32357,X[2]=1.50727] func(X)=-30.5635
i=5 X=[X[1]=8.48222,X[2]=3.78802] unc(X)=-41.149
i=6 X=[X[1]=8.28049,X[2]=4.06739] func(X)=-41.6069
i=7 X=[X[1]=8.57535,X[2]=4.28029] func(X)=-41.7398
i=8 X=[X[1]=8.51214,X[2]=4.36783] func(X)=-41.7836
i=9 X=[X[1]=8.61055,X[2]=4.43888] func(X)=-41.7991
i=10 X=[X[1]=8.58771,X[2]=4.4705] func(X)=-41.8048
i=11 X=[X[1]=8.62383,X[2]=4.49658] func(X)=-41.8069
i=12 X=[X[1]=8.61523,X[2]=4.50849] func(X)=-41.8077
i=13 X=[X[1]=8.6289,X[2]=4.51836] func(X)=-41.808
i=14 X=[X[1]=8.62561,X[2]=4.52292] func(X)=-41.8082
i=15 X=[X[1]=8.63085,X[2]=4.5267] func(X)=-41.8082
i=16 X=[X[1]=8.62958,X[2]=4.52845] func(X)=-41.8082
i=17 X=[X[1]=8.6316,X[2]=4.5299] func(X)=-41.8082
i=18 X=[X[1]=8.63111,X[2]=4.53057] func(X)=-41.8082
i=19 X=[X[1]=8.63188,X[2]=4.53113] func(X)=-41.8082
i=20 X=[X[1]=8.6317,X[2]=4.53139] func(X)=-41.8082
Converged after 20 iterations!
X[1]=8.6317
X[2]=4.53139
```

Listing 4.1 (Fortsetzung)

Die grafische Darstellung des Iterationsverlaufs ist in Abb. 4.5 und 4.6 zu sehen. Vergleicht man beide Abbildungen und die Konvergenzzusammenfassung in Tab. 4.3, so lässt sich feststellen, dass der anfängliche Startmultiplikator bei den gegebenen Parametern keinen Einfluss auf die für die Konvergenz erforderliche Anzahl von Iterationen hat. Unabhängig von den Anfangspunkten und den anfänglichen Startmultiplikatoren wird das Minimum jedoch in allen Fällen korrekt erreicht.

4.2 Numerische Bestimmung der Gleichgewichtslage eines ebenen Federgewichtssystems mit Hilfe der Methode des steilsten Abstiegs

Bestimmen Sie die Gleichgewichtslage des in Abb. 4.4 gezeigten flächigen Feder- und Gewichtssystems mit Hilfe des Verfahrens des steilsten Abstiegs. Starten Sie die Iteration ausgehend von der unverformten Konfiguration und stoppen Sie die Iteration, sobald die Kuhn-Tucker-Bedingung auf der Grundlage von $\varepsilon_{KT} = 0{,}001$ erfüllt ist.

(a)

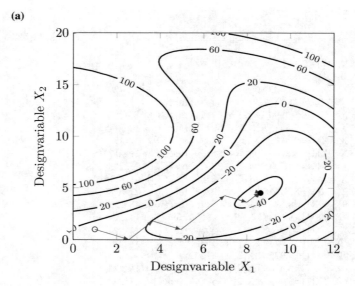

(b)

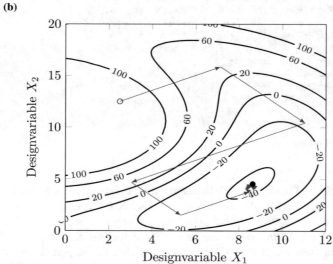

Abb. 4.5 Iterationsverlauf im Konturdiagramm der Zielfunktion $F(X_1, X_2)$ nach Gl. (4.9) auf der Grundlage des Verfahrens des steilsten Abstiegs für $\alpha_0 = 1{,}0$: **a** $X_0 = [1 1]^T$ und **b** $X_0 = [2{,}5 \ 12{,}5]^T$

4.2 Lösung

Das folgende Listing 4.2 zeigt den gesamten wxMaxima-Code für die Bestimmung des Minimums der in Gl. (4.10) gegebenen Zielfunktion auf der Grundlage des Verfahrens des steilsten Abstiegs.

(a)

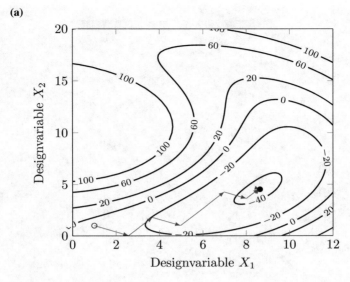

(b)

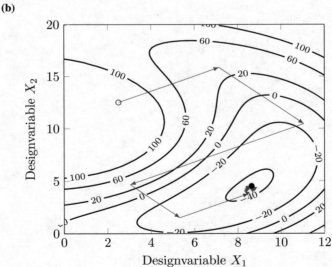

Abb. 4.6 Iterationsverlauf im Konturdiagramm der Zielfunktion $F(X_1, X_2)$ nach Gl. (4.9) auf der Grundlage des Verfahrens des steilsten Abstiegs für $\alpha_0 = 2{,}0$: **a** $X_0 = [1 1]^\mathrm{T}$ und **b** $X_0 = [2{,}5\ 12{,}5]^\mathrm{T}$

Tab. 4.3 Konvergenzverlauf für die Funktion (4.9) nach dem Verfahren des steilsten Abstiegs	Ausgangspunkte	Iterationen für Konvergenz	
		$\alpha_0 = 1{,}0$	$\alpha_0 = 2{,}0$
	$X_0 = [\,-4\ \ 4\,]^\mathrm{T}$	20	20
	$X_0 = [\,1\ \ 1\,]^\mathrm{T}$	8	8
	$X_0 = [2{,}5\ \ 12{,}5]^\mathrm{T}$	20	20

```
(% i56)   load("my_funs.mac")$

          fpprintprec:8$
          ratprint: false$

          X1 : 0$
          X2 : 0$
          X13 : 60$
          X14 : 0$

          L[1] : 10$
          L[2] : 10$
          L[3] : 10$
          L[4] : 10$
          L[5] : 10$
          L[6] : 10$

          deltaL[1](X) := sqrt( (X[1]-X1)^2 + (X[2]-X2)^2 ) - L[1]$
          deltaL[2](X) := sqrt( (X[3]-X[1])^2 + (X[4]-X[2])^2 ) - L[2]$
          deltaL[3](X) := sqrt( (X[5]-X[3])^2 + (X[6]-X[4])^2 ) - L[3]$
          deltaL[4](X) := sqrt( (X[7]-X[5])^2 + (X[8]-X[6])^2 ) - L[4]$
          deltaL[5](X) := sqrt( (X[9]-X[7])^2 + (X[10]-X[8])^2 ) - L[5]$
          deltaL[6](X) := sqrt( (X13-X[9])^2 + (X14-X[10])^2 ) - L[6]$

          k[1] : 500 + 200*((5/3)-1)^2$
          k[2] : 500 + 200*((5/3)-2)^2$
          k[3] : 500 + 200*((5/3)-3)^22$
          k[4] : 500 + 200*((5/3)-4)^2$
          k[5] : 500 + 200*((5/3)-5)^2$
          k[6] : 500 + 200*((5/3)-6)^2$

          P[2] : -50 * 1$
          P[3] : -50 * 2$
          P[4] : -50 * 3$
          P[5] : -50 * 4$
          P[6] : -50 * 5$

          f[1](X) := 0.5*k[1]*deltaL[1](X)^2$
          f[2](X) := 0.5*k[2]*deltaL[2](X)^2 - P[2]*X[2]$
          f[3](X) := 0.5*k[3]*deltaL[3](X)^2 - P[3]*X[4]$
          f[4](X) := 0.5*k[4]*deltaL[4](X)^2 - P[4]*X[6]$
          f[5](X) := 0.5*k[5]*deltaL[5](X)^2 - P[5]*X[8]$
          f[6](X) := 0.5*k[6]*deltaL[6](X)^2 - P[6]*X[10]$

          func(X) := f[1](X) + f[2](X) + f[3](X) + f[4](X) + f[5](X) + f[6](X)$

          eps : 1/1000$

          no_of_vars : 10$
```

Listing 4.2 Numerische Bestimmung des Minimums der Funktion (4.10) mit Hilfe der Methode des steilsten Abstiegs

```
    X_0 : [X[1]=10,X[2]=0,X[3]=20,X[4]=0,X[5]=30,X[6]=0,X[7]=40,X[8]=0,X[9]=50,
                        X[10]=0]$
alpha_0 : 3$

    X_new : steepest_multi_variable_unconstrained(func,no_of_vars,X_0,alpha_0,
                        eps,"Kuhn_Tucker",true)$

    print(X["1"]^"1" = X1)$
    print(X["2"]^"1" = X2)$
    print(X["1"]^"2" = rhs(X_new[1]))$
    print(X["2"]^"2" = rhs(X_new[2]))$
    print(X["1"]^"3" = rhs(X_new[3]))$
    print(X["2"]^"3" = rhs(X_new[4]))$
    print(X["1"]^"4" = rhs(X_new[5]))$
    print(X["2"]^"4" = rhs(X_new[6]))$
    print(X["1"]^"5" = rhs(X_new[7]))$
    print(X["2"]^"5" = rhs(X_new[8]))$
    print(X["1"]^"6" = rhs(X_new[9]))$
    print(X["2"]^"6" = rhs(X_new[10]))$
    print(X["1"]^"7" = X13)$
    print(X["2"]^"7" = X14)$


i=1
X=[X[1]=10.0,X[2]=-0.60395329,X[3]=20.0,X[4]=-1.2079066,X[5]=30.0,X[6]=-
1.8118599,X[7]=40.0,X[8]=-2.4158132,X[9]=50.0,X[10]=-3.0197665] func(X)=-1236.5737
i=2
X=[X[1]=9.9921159,X[2]=-0.928581,X[3]=20.03942,X[4]=-1.8604951,X[5]=30.086725,
X[6]=-2.7924093,X[7]=40.134029,X[8]=-3.7243234,X[9]=61.492054,X[10]=-1.0582941]
func(X)=321156.12
i=3
X=[X[1]=9.9991511,X[2]=-0.94255643,X[3]=20.047419,X[4]=-1.8878848,X[5]=30.104321,
X[6]=-2.834013,X[7]=48.391004,X[8]=-2.7386415,X[9]=60.754588,X[10]=-7.520883]
func(X)=78589.369
```

Listing 4.2 (Fortsetzung)

```
...
i=1318
X=[X[1]=10.355028,X[2]=-4.280037,X[3]=21.086663,X[4]=-7.8973358,X[5]=31.686934,
X[6]=-9.8535827,X[7]=42.089803,X[8]=-9.393391,X[9]=51.771341,X[10]=-6.0117915]
func(X)=-4416.3842
i=1319
X=[X[1]=10.355028,X[2]=-4.2800371,X[3]=21.086663,X[4]=-7.897336,X[5]=31.686934,
X[6]=-9.8535829,X[7]=42.089803,X[8]=-9.3933911,X[9]=51.77134,X[10]=-6.0117917]
func(X)=-4416.3842
Converged after 1319 iterations!
X[1]^1=0
X[2]^1=0
X[1]^2=10.355028
X[2]^2=-4.2800371
X[1]^3=21.086663
X[2]^3=-7.897336
X[1]^4=31.686934
X[2]^4=-9.8535829
X[1]^5=42.089803
X[2]^5=-9.3933911
X[1]^6=51.77134
X[2]^6=-6.0117917
X[1]^7=60
X[2]^7=0
```

Listing 4.2 (Fortsetzung)

4.3   Methoden zweiter Ordnung

Führen wir hier ein klassisches Verfahren zweiter Ordnung ein, d. h. die Newton-Methode, siehe [5]. In Anlehnung an den Ansatz für Funktionen mit einzelnen Argumenten in Abschn. 2.3 schreiben wir eine Taylorreihenentwicklung zweiter Ordnung [2] der Zielfunktion um X_0, d. h.

$$F(X) \approx F(X_0) + \nabla F(X)|_{X_0}(X - X_0) + \frac{1}{2}(X - X_0)^{\mathrm{T}} H(X)|_{X_0}(X - X_0). \quad (4.22)$$

wobei ∇ der Gradientenoperator (siehe Gl. (4.1)) und H die Hesse-Matrix ist (siehe Gl. (4.2)).

Differenziert man Gl. (4.22) nach X und vernachlässigt Differenzen höherer Ordnung, so erhält man schließlich unter Berücksichtigung der notwendigen Bedingung für ein lokales Minimum den folgenden Ausdruck:

$$\nabla F(X) = \nabla F(X)|_{X_0} + H(X)|_{X_0}(X - X_0) \stackrel{!}{=} 0. \qquad (4.23)$$

Der letzte Ausdruck kann umgeordnet werden und ergibt das folgende Iterations-schema:

$$X = X_0 - \left(H(X)|_{X_0}\right)^{-1} \nabla F(X)|_{X_0}. \qquad (4.24)$$

Ein Vergleich mit dem allgemeinen Ansatz in Gl. (4.4) erlaubt die Identifizierung der Suchrichtung und des skalaren Multiplikators als:

$$S = -(H(X))^{-1} \nabla F(X), \qquad (4.25)$$

$$\alpha^* = 1. \qquad (4.26)$$

4.3 Numerische Bestimmung der Gleichgewichtslage eines ebenen Zweife-dersystems mit Hilfe der Newtonschen Methode

Bestimmen Sie die Gleichgewichtslage des in Abb. 4.2 und 4.3 gezeigten Zweifeder-systems nach dem Newton-Verfahren. Starten Sie die Iteration von verschiedenen Anfangspunkten, d. h. $X_0 = [-4 \quad 4]^T$, $X_0 = [1 \quad 1]^T$ und $X_0 = [2{,}5 \quad 12{,}5]^T$, und verwenden Sie verschiedene skalare Anfangsmultiplikatoren, d. h. $\alpha_0 = 1{,}0$ und $\alpha_0 = 2{,}0$. Beenden Sie die Iteration, sobald die Kuhn-Tucker-Bedingung auf der Grundlage von $\varepsilon_{KT} = 0{,}001$ erfüllt ist.

4.3 Lösung

Das folgende Listing 4.3 zeigt den gesamten wxMaxima-Code für die Bestimmung des Minimums der in Gl. (4.9) gegebenen Zielfunktion auf der Grundlage des Newtonschen Verfahrens. Die grafische Darstellung des Iterationsverlaufs ist in Abb. 4.7 und 4.8 zu sehen.

```
(% i21)    load("my_funs.mac")$

           fpprintprec:6$
           ratprint: false$

           L[1] : 10$
           L[2] : 10$
           P[1] : 5$
           P[2] : 5$
           k[1] : 8$
           k[2] : 1$

           eps : 1/1000$

           deltaL[1](X) := sqrt(X[1]^2+(L[1]-X[2])^2)-L[1]$
           deltaL[2](X) := sqrt(X[1]^2+(L[2]+X[2])^2)-L[2]$

           f[1](X) := 0.5*k[1]*deltaL[1](X)^2 - P[1]*X[1]$
           f[2](X) := 0.5*k[2]*deltaL[2](X)^2 - P[2]*X[2]$
           func(X) := f[1](X) + f[2](X)$

           no_of_vars : 2$

           X_0 : [X[1]=1,X[2]=1]$
           alpha_0 : 2$

           X_new : Newton_multi_variable_unconstrained(func,no_of_vars,X_0,alpha_0,
                            eps,"Kuhn_Tucker",true)$
           print(X["1"] = rhs(X_new[1]))$
           print(X["2"] = rhs(X_new[2]))$

i=1 X=[X[1]=7.10199,X[2]=1.93307] func(X)=-35.3863
i=2 X=[X[1]=8.76715,X[2]=4.41209] func(X)=-41.674
i=3 X=[X[1]=8.63068,X[2]=4.52983] func(X)=-41.8082
i=4 X=[X[1]=8.63207,X[2]=4.53191] func(X)=-41.8082
Converged after 4 iterations!
X[1]=8.63207
X[2]=4.53191
```

Listing 4.3 Numerische Bestimmung des Minimums der Funktion (4.9) mit Hilfe des Newton-schen Verfahrens

Bei der Analyse der konkreten Daten stellte sich heraus, dass die Kombination von $\alpha_0 = 1{,}0$ und $X_0 = \begin{bmatrix} 1 & 1 \end{bmatrix}^T$ zu keiner Konvergenz bei der Minimierung des Wertes von α führt, d. h. die maximale Anzahl von 50 Iterationen wird überschritten. In diesem Fall aktualisiert unser Algorithmus den Wert von X basierend auf dem Anfangswert des skalaren Multiplikators. In allen anderen Fällen erhalten wir Konvergenz für jeden Iterationsschritt und der Anfangswert des skalaren Multiplikators hat keinen Einfluss auf den Iterationspfad, siehe Abb. 4.7 und 4.8 und Tab. 4.4.

(a)

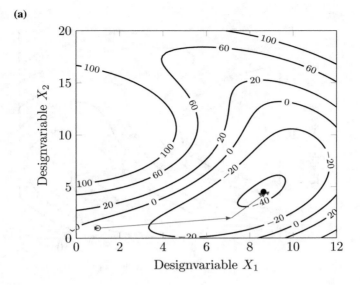

(b)

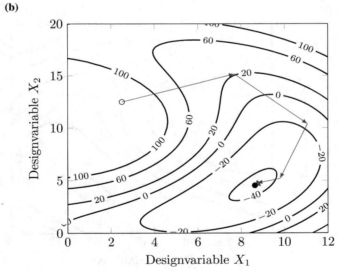

Abb. 4.7 Iterationsverlauf im Konturdiagramm der Zielfunktion $F(X_1, X_2)$ nach Gl. (4.9) basierend auf dem Newton-Verfahren für $\alpha_0 = 1{,}0$: **a** $X_0 = [1\ 1]^T$ und **b** $X_0 = [2{,}5\ 12{,}5]^T$

(a)

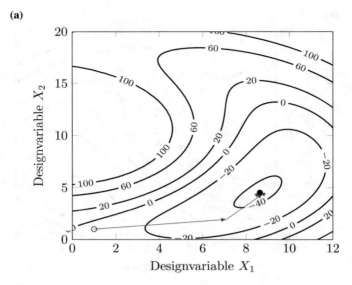

(b)

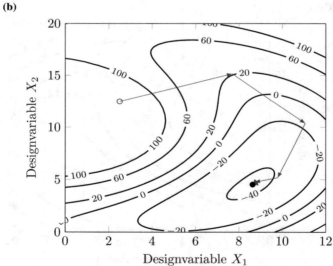

Abb. 4.8 Iterationsverlauf im Konturdiagramm der Zielfunktion $F(X_1, X_2)$ nach Gl. (4.9) basierend auf dem Newton-Verfahren für $\alpha_0 = 2{,}0$: **a** $X_0 = [1\ 1]^T$ und **b** $X_0 = [2{,}5\ 12{,}5]^T$

Tab. 4.4 Konvergenzverlauf für die Funktion (4.9) nach dem Newton-Verfahren

Ausgangspunkte	Iterationen für Konvergenz		Kommentar
	$\alpha_0 = 1{,}0$	$\alpha_0 = 2{,}0$	
$X_0 = [\ -4\quad 4\ ]^T$	7	7	Identische Pfade
$X_0 = [\ 1\quad 1\ ]^T$	5	4	Konvergenzfehler bei $\alpha_0 = 1{,}0$ und $i = 1$
$X_0 = [\ 2{,}5\quad 12{,}5\ ]^T$	6	6	Identische Pfade

4.4 Numerische Bestimmung der Gleichgewichtslage eines ebenen Feder-gewichtssystems mit Hilfe der Newtonschen Methode

Bestimmen Sie die Gleichgewichtslage des in Abb. 4.4 gezeigten ebenen Feder- und Gewichtssystems mit Hilfe der Newton-Methode. Starten Sie die Iteration von der unverformten Konfiguration und stoppen Sie die Iteration, sobald die Kuhn-Tucker-Bedingung auf der Grundlage von $\varepsilon_{KT} = 0{,}001$ erfüllt ist.

4.4 Lösung

Das folgende Listing 4.4 zeigt den gesamten wxMaxima-Code für die Bestimmung des Minimums der in Gl. (4.10) gegebenen Zielfunktion auf der Grundlage des Newton-Verfahrens.

```
(% i56)   load("my_funs.mac")$

          fpprintprec:8$
          ratprint: false$

          X1 : 0$
          X2 : 0$
          X13 : 60$
          X14 : 0$

          L[1] : 10$
          L[2] : 10$
          L[3] : 10$
          L[4] : 10$
          L[5] : 10$
          L[6] : 10$

          deltaL[1](X) := sqrt( (X[1]-X1)^2 + (X[2]-X2)^2 ) - L[1]$
          deltaL[2](X) := sqrt( (X[3]-X[1])^2 + (X[4]-X[2])^2 ) - L[2]$
          deltaL[3](X) := sqrt( (X[5]-X[3])^2 + (X[6]-X[4])^2 ) - L[3]$
          deltaL[4](X) := sqrt( (X[7]-X[5])^2 + (X[8]-X[6])^2 ) - L[4]$
          deltaL[5](X) := sqrt( (X[9]-X[7])^2 + (X[10]-X[8])^2 ) - L[5]$
          deltaL[6](X) := sqrt( (X13-X[9])^2 + (X14-X[10])^2 ) - L[6]$
```

Listing 4.4 Numerische Bestimmung des Minimums der Funktion (4.10) mit Hilfe des Newton-schen Verfahrens

```
k[1] : 500 + 200*((5/3)-1)^2$
k[2] : 500 + 200*((5/3)-2)^2$
k[3] : 500 + 200*((5/3)-3)^22$
k[4] : 500 + 200*((5/3)-4)^2$
k[5] : 500 + 200*((5/3)-5)^2$
k[6] : 500 + 200*((5/3)-6)^2$


P[2] : -50 * 1$
P[3] : -50 * 2$
P[4] : -50 * 3$
P[5] : -50 * 4$
P[6] : -50 * 5$


f[1](X) := 0.5*k[1]*deltaL[1](X)^2$
f[2](X) := 0.5*k[2]*deltaL[2](X)^2 - P[2]*X[2]$
f[3](X) := 0.5*k[3]*deltaL[3](X)^2 - P[3]*X[4]$
f[4](X) := 0.5*k[4]*deltaL[4](X)^2 - P[4]*X[6]$
f[5](X) := 0.5*k[5]*deltaL[5](X)^2 - P[5]*X[8]$
f[6](X) := 0.5*k[6]*deltaL[6](X)^2 - P[6]*X[10]$

func(X) := f[1](X) + f[2](X) + f[3](X) + f[4](X) + f[5](X) + f[6](X)$

eps : 1/1000$

no_of_vars : 10$

X_0 : [X[1]=10,X[2]=0,X[3]=20,X[4]=0,X[5]=30,X[6]=0,X[7]=40,X[8]=0,X[9]=50,
                 X[10]=0]$
alpha_0 : 2$

X_new : Newton_multi_variable_unconstrained(func,no_of_vars,X_0,alpha_0,
                 eps,"Kuhn_Tucker",true)$
print(X["1"]^"1" = X1)$
print(X["2"]^"1" = X2)$
print(X["1"]^"2" = rhs(X_new[1]))$
print(X["2"]^"2" = rhs(X_new[2]))$
print(X["1"]^"3" = rhs(X_new[3]))$
print(X["2"]^"3" = rhs(X_new[4]))$
print(X["1"]^"4" = rhs(X_new[5]))$
print(X["2"]^"4" = rhs(X_new[6]))$
print(X["1"]^"5" = rhs(X_new[7]))$
print(X["2"]^"5" = rhs(X_new[8]))$
print(X["1"]^"6" = rhs(X_new[9]))$
print(X["2"]^"6" = rhs(X_new[10]))$
print(X["1"]^"7" = X13)$
print(X["2"]^"7" = X14)$
```

Listing 4.4 (Fortsetzung)

```
i=1
X=[X[1]=10.0,X[2]=-1.2871389,X[3]=20.0,X[4]=-2.5742778,X[5]=30.0,X[6]=-
3.8614167,X[7]=40.0,X[8]=-5.1485556,X[9]=50.0,X[10]=-6.4356946]
func(X)=4097.9519 i=2
X=[X[1]=9.5096927,X[2]=-5.9789985,X[3]=19.264306,X[4]=-
10.165087,X[5]=29.480655,X[6]=-10.300575,X[7]=39.890377,X[8]=-
8.6078911,X[9]=50.356745,X[10]=-6.3192663] func(X)=311.7195
i=3
X=[X[1]=10.080803,X[2]=-4.6020755,X[3]=20.932813,X[4]=-
7.3011942,X[5]=31.490618,X[6]=-10.469822,X[7]=41.717567,X[8]=-
8.8445816,X[9]=51.551006,X[10]=-5.8383113] func(X)"=-4237.7226
i=4
X=[X[1]=10.364016,X[2]=-4.2113406,X[3]=21.099806,X[4]=-
7.827711,X[5]=31.680025,X[6]=-10.014621,X[7]=42.135829,X[8]=-
9.529127,X[9]=51.791522,X[10]=-6.0470651] func(X)=-4411.3249 i=5
X=[X[1]=10.354884,X[2]=-4.2818091,X[3]=21.086618,X[4]=-
7.898806,X[5]=31.688253,X[6]=-9.8577926,X[7]=42.090135,X[8]=-
9.3953089,X[9]=51.771401,X[10]=-6.0118882] func(X)=-4416.3813
i=6
X=[X[1]=10.355026,X[2]=-4.2800515,X[3]=21.086663,X[4]=-
7.8973568,X[5]=31.686936,X[6]=-9.8536027,X[7]=42.089806,X[8]=-
9.3934028,X[9]=51.77134,X[10]=-6.0117922] func(X)=-4416.3842
Converged after 6 iterations!
X[1]^1=0
X[2]^1=0
X[1]^2=10.355026
X[2]^2=-4.2800515
X[1]^3=21.086663
X[2]^3=-7.8973568
X[1]^4=31.686936
X[2]^4=-9.8536027
X[1]^5=42.089806
X[2]^5=-9.3934028
X[1]^6=51.77134
X[2]^6=-6.0117922
X[1]^7=60
X[2]^7=0
```

Listing 4.4 (Fortsetzung)

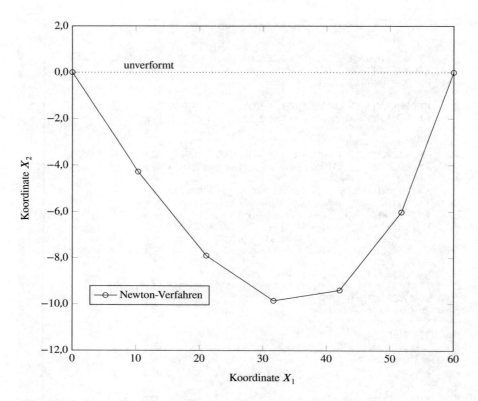

Abb. 4.9 Verformte Konfiguration des ebenen Feder- und Gewichtssystems, wie in Abb. 4.4 schematisch dargestellt

Auf der Grundlage der in Listing 4.4 ermittelten numerischen Werte ist die verformte Konfiguration in Abb. 4.9 dargestellt.

4.4   Ergänzende Probleme

4.5 Numerische Bestimmung des Minimums einer unbeschränkten Funktion mit zwei Variablen auf der Grundlage der Newtonschen Methode

Bestimmen Sie mit Hilfe der Newton-Methode das Minimum des Ellipsoids, das durch folgende Gleichung dargestellt wird

$$F(X_1, X_1) = -\sqrt{c^2\left(1 - \frac{X_1^2}{a^2} - \frac{X_2^2}{b^2}\right)}, \qquad (4.27)$$

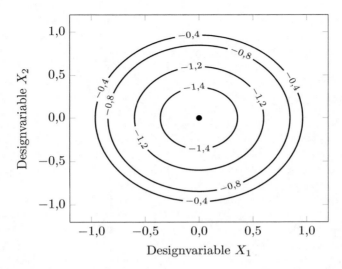

Abb. 4.10 Konturkarte des Ellipsoids nach Gl. (4.27) mit $a = b = 1$ und $c = 1{,}5$. Exakte Lösung für das Minimum: $X_{1,\,\text{extr}} = 0{,}0$, $X_{2,\,\text{extr}} = 0{,}0$

wobei die Parameter durch $a = b = 1$ und $c = 1{,}5$ gegeben sind (siehe Abb. 4.10 für eine grafische Darstellung). Starten Sie die Iteration von verschiedenen Ausgangspunkten, d. h. $X_0 = [\,-0{,}5 \quad 0{,}5\,]^{\mathrm{T}}$ und $X_0 = [\,0{,}0 \quad 0{,}75\,]^{\mathrm{T}}$, und verwenden Sie als skalare Multiplikatoren $\alpha_0 = 1{,}0$. Beenden Sie die Iteration, sobald die Kuhn-Tucker-Bedingung auf der Grundlage von $\varepsilon_{\mathrm{KT}} = 0{,}001$ erfüllt ist.

Literatur

1. Jeffrey A, Dai H-H (2008) Handbook of mathematical formulas and integrals. Academic Press, Burlington
2. Öchsner A (2014) Elasto-plasticity of frame structure elements: modeling and simulation of rods and beams. Springer, Berlin
3. Öchsner A, Merkel M (2018) One-dimensional finite elements: an introduction to the FE method. Springer, Cham
4. Schumacher A (2013) Optimierung mechanischer Strukturen: grundlagen und industrielle Anwendungen. Springer Vieweg, Berlin
5. Vanderplaats GN (1999) Numerical optimization techniques for engineering design. Vanderplaats Research & Development, Colorado Springs

Kapitel 5
Beschränkte Funktionen mehrerer Variablen

Zusammenfassung In diesem Kapitel wird eine klassische Methode zur numerischen Bestimmung des Minimums von unimodalen Funktionen mehrerer Variablen vorgestellt. Die Methode der äußeren Straffunktionen wird als typische und effiziente Methode zur numerischen Lösung solcher Probleme beschrieben. Ausgehend von einer Pseudo-Zielfunktion kann das Problem als ein unbeschränktes Problem behandelt werden, wie es im vorherigen Kapitel behandelt wurde.

5.1 Allgemeine Einführung in das Problem der beschränkten mehrdimensionalen Optimierung

Die allgemeine Problemstellung eines beschränkten *n-dimensionalen* Optimierungsverfahrens [10] ist die Minimierung der Zielfunktion

$$F(X), \tag{5.1}$$

vorbehaltlich der folgenden Beschränkungen

$$
\begin{aligned}
g_j(X) &\leq 0 \quad j = 1, m \quad \text{Ungleichheitsbeschränkungen,} \\
h_k(X) &= 0 \quad k = 1, l \quad \text{Gleichheitsbeschränkungen,}
\end{aligned}
\tag{5.2}
$$

wobei die Spaltenmatrix der n Designvariablen wie folgt gegeben ist:

$$
X = \left\{ \begin{array}{c} X_1 \\ X_2 \\ X_3 \\ \vdots \\ X_n \end{array} \right\}. \tag{5.3}
$$

A. Öchsner, R. Makvandi, *Numerische technische Optimierung*,
https://doi.org/10.1007/978-3-031-15015-9_5

Für den Fall, dass Nebenbedingungen, d. h. $X_i^{\min} \leq X_i \leq X_i^{\max}$ $(i = 1, n)$, berücksichtigt werden sollen, um den Designraum zu begrenzen, muss der Algorithmus zur Minimierung ohne Nebenbedingungen modifiziert werden, indem eine beliebige Designvariable X_i auf ihre untere oder obere Grenze gesetzt wird, wenn Gl. (4.4) während der eindimensionalen Suche einen Wert außerhalb der Grenze ergibt.

Die Lösungsverfahren folgen den Ideen, die in Kap. 3 für beschränkte Funktionen einer Variablen eingeführt wurden, d. h. das beschränkte *n-dimensionale* Problem wird wie ein unbeschränktes Problem gelöst, wobei jedoch eine gewisse Strafe vorgesehen ist, um die Verletzungen der Einschränkung zu begrenzen. Wie im eindimensionalen Fall wird in der Anfangsphase nur eine moderate Strafe angewandt, die mit fortschreitender Optimierung zunimmt. Es werden also mehrere unbeschränkte Optimierungsprobleme gelöst. Die Ausdrücke *sequentielle unbehinderte Minimierungsverfahren* oder *SUMIT* sind in der Literatur bekannt, um solche Ansätze zu beschreiben, siehe [10] für Details. In Verallgemeinerung von Abb. 3.3 für beschränkte Funktionen einer Variablen können wir Abb. 5.1 als den allgemeinen Ansatz bezeichnen.

Der übliche Ansatz zur Lösung eines solchen beschränkten *n-dimensionalen* Entwurfsproblems besteht darin, eine sogenannte Pseudo-Zielfunktion zu formulieren

$$\Phi(X, r_\mathrm{p}) = F(X) + r_\mathrm{p} \times P(X), \tag{5.4}$$

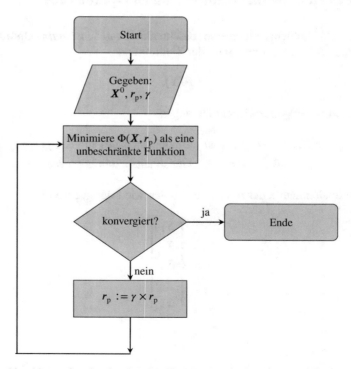

Abb. 5.1 Algorithmus für eine beschränkte Funktion von n Variablen auf der Grundlage der Methode der äußeren Straffunktion, angepasst von [10]

wobei $F(X)$ die ursprüngliche Zielfunktion, r_p der skalare (nicht-negative) Strafparameter oder Strafmultiplikator und $P(X)$ die Straffunktion ist. Die Pseudo-
Zielfunktion kann nun auf der Grundlage der in Kap. 4 vorgestellten Methoden als
unbeschränkte Funktion behandelt werden.

5.2 Die Methode der äußeren Straffunktionen

In Verallgemeinerung von Gl. (3.8) können wir die Straffunktion für den *n-dimen-sionalen* Fall wie folgt angeben:

$$P(X) = \sum_{j=1}^{m} \left\{ \max \left[0, g_j(X) \right] \right\}^2 + \sum_{k=1}^{l} \left[h_k(X) \right]^2 \tag{5.5}$$

$$= \sum_{j=1}^{m} \delta_j \left\{ g_j(X) \right\}^2 + \sum_{k=1}^{l} \left[h_k(X) \right]^2, \tag{5.6}$$

wobei wiederum keine Strafe angewendet wird, solange alle Bedingungen erfüllt
sind. Die Quadrierung der Strafe stellt sicher, dass die Pseudo-Zielfunktion eine
kontinuierliche Steigung an der Grenze der Nebenbedingungen hat.

5.1 Numerische Bestimmung des Minimums einer Funktion mit zwei Variablen unter Berücksichtigung von zwei Nebenbedingungen
Gegeben ist die Zielfunktion[1]

$$F(X) = X_1 + X_2, \tag{5.7}$$

die durch die folgenden beiden Ungleichheitsbedingungen beschränkt wird:

$$g_1(X) = -2 + X_1 - 2X_2 \leq 0, \tag{5.8}$$

$$g_2(X) = 8 - 6X_1 + X_1^2 - X_2 \leq 0. \tag{5.9}$$

Benutzen Sie die Methode der äußeren Straffunktionen, um das Minimum zu
bestimmen. Bewerten Sie die auf dem Verfahren des steilsten Abstiegs basierenden
Ansätze für die eindimensionale Suche. Eine grafische Darstellung des betrachteten
Designraums ist in Abb. 5.2 zu sehen. Aus dieser Abbildung lässt sich leicht
ableiten, dass das Minimum durch den linken Schnittpunkt von g_1 und g_2, d. h.
$X_{1,\text{extr}} = 2{,}0$, $X_{2,\text{extr}} = 0{,}0$, gegeben ist. Dennoch soll der *numerische* Lösungsansatz
im Mittelpunkt der folgenden Auswertungen stehen.

---

[1]Dieses Beispiel wurde aus [10] übernommen.

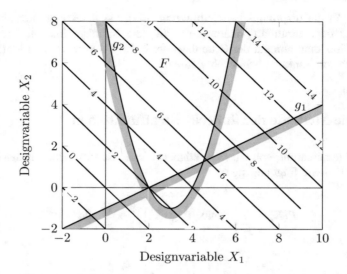

Abb. 5.2 Konturdiagramm der Zielfunktion $F(X_1, X_2)$ und die Beschränkungen durch zwei Ungleichheitsbedingungen (siehe Gln. (5.7)–(5.9)), angepasst von [10]. Exakte Lösung für das Minimum: $X_{1,\text{extr}} = 2{,}0$, $X_{2,\text{extr}} = 0{,}0$

5.1 Lösung

Die Pseudo-Zielfunktion kann für dieses Problem wie folgt geschrieben werden

$$\Phi(X, r_\text{p}) = X_1 + X_2 + r_\text{p}\Big\{[\max(0,\ -2 + X_1 - 2X_2)]^2 \tag{5.10}$$

$$+ [\max(0,\ 8 - 6X_1 + X_1^2 - X_2)]^2\Big\},$$

oder expliziter für die verschiedenen Bereiche:

$$g_1 \leq 0 \quad \text{und} \quad g_2 > 0: \qquad \Phi(X, r_\text{p}) = X_1 + X_2 + r_\text{p}[8 - 6X_1 + X_1^2 - X_2]^2, \tag{5.11}$$

$$g_1 > 0 \quad \text{und} \quad g_2 \leq 0: \qquad \Phi(X, r_\text{p}) = X_1 + X_2 + r_\text{p}[-2 + X_1 - 2X_2]^2, \tag{5.12}$$

$$g_1 > 0 \quad \text{und} \quad g_2 > 0: \qquad \Phi(X, r_\text{p}) = X_1 + X_2 + r_\text{p}\Big\{[-2 + X_1 - 2X_2]^2$$

$$+ [8 - 6X_1 + X_1^2 - X_2]^2\Big\}, \tag{5.13}$$

$$g_1 \leq 0 \quad \text{und} \quad g_2 \leq 0: \qquad \Phi(X, r_\text{p}) = X_1 + X_2. \tag{5.14}$$

Die grafische Darstellung der Pseudo-Zielfunktion Φ für verschiedene Werte des Faktors r_p ist in den Abb. 5.3 und 5.4 zu sehen.

Es ist zu erkennen, dass sich das Minimum (dargestellt durch die Markierung •) der Pseudo-Zielfunktion Φ dem Minimum der Zielfunktion F (d. h. dem Schnittpunkt der gepunkteten Kurven) annähert, wenn der Wert des Parameters r_p erhöht wird.

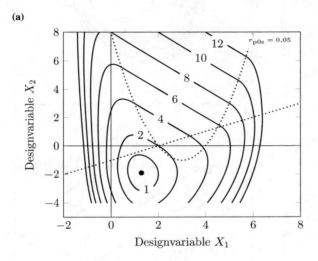

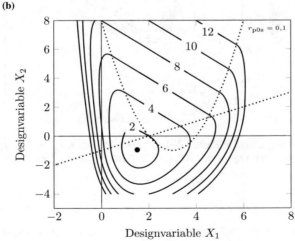

Abb. 5.3 Konturdiagramm der Pseudo-Zielfunktion $\Phi(X_1, X_2)$: **a** $r_{p0s} = 0{,}05$, $X_{1,\min} = 1{,}28917$, $X_{2,\min} = -1{,}89695$ und **b** $r_{p0s} = 0{,}1$, $X_{1,\min} = 1{,}51431$, $X_{2,\min} = -0{,}953821$

(a)

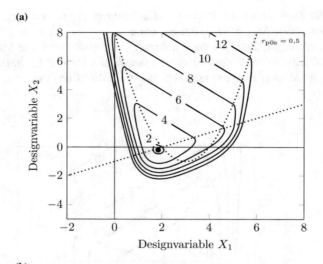

(b)

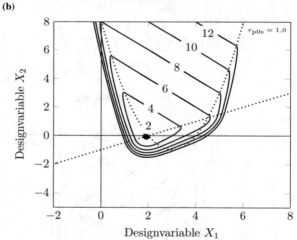

Abb. 5.4 Konturdiagramm der Pseudo-Zielfunktion $\Phi(X_1, X_2)$: **a** $r_{p0s} = 0{,}5$, $X_{1,\min} = 1{,}84328$, $X_{2,\min} = -0{,}195288$ und **b** $r_{p0s} = 1{,}0$, $X_{1,\min} = 1{,}91282$, $X_{2,\min} = -0{,}0985795$

Das folgende Listing 5.1 zeigt den gesamten wxMaxima-Code für die Bestimmung des Minimums der in Gl. (5.7) gegebenen Zielfunktion.

```
(% i12) load("my_funs.mac")$

        fpprintprec:6$
        ratprint: false$

        eps : 1/1000

        func_obj(X) := X[1] + X[2]$

        g[1](X) := -2 + X[1] - 2*X[2]$
        g[2](X) := 8 - 6*X[1] + X[1]^2 - X[2]$

        no_of_vars : 2$

        X_0 : [X[1]=0,X[2]=0]$
        alpha_0 : 1$
        r_p_0s : [0.5, 1, 10, 20, 50, 100]$

        gamma_wert : 1$
        for r : 1 thru length(r_p_0s) do (
            print("=============="),
            print("Für ", r_p = r_p_0s[r]),
            [X_new, pseudo_objective_fun_value] : steepest_multi_variable_constrained
               (func_obj,no_of_vars,X_0,alpha_0,eps,r_p_0s[r], gamma_value,
               "Kuhn_Tucker",false),
            print(X["1"] = rhs(X_new[1])),
            print(X["2"] = rhs(X_new[2])),
            printf(true, "Der Pseudo-Objektiv-Funktionswert an diesem
                   Punkt: F = ~,6f", pseudo_objektiver_Funktionswert),
            X_0 : Kopie(X_neu)
        )$
```

```
════════════════
Für r_p=0,5
i=1 X=[X[1]=1.70618,X[2]=0.254113] func(X)=2.04843
i=2 X=[X[1]=1.77473,X[2]=-0.206132] func(X)=1.8363
i=3 X=[X[1]=1.84337,X[2]=-0.195909] func(X)=1.81754
i=4 X=[X[1]=1.84325,X[2]=-0.195087] func(X)=1.81753
Konvergenz nach 4
Iterationen! X[1]=1.84325
X[2]=-0.195087
Der Wert der Pseudo-Zielfunktion an diesem
Punkt: F = 1.817535
════════════════

Für r_p=1
i=1 X=[X[1]=1.84425,X[2]=-0.194087] func(X)=1.98492
i=2 X=[X[1]=1.92474,X[2]=-0.113207] func(X)=1.90695
i=3 X=[X[1]=1.91157,X[2]=-0.100063] func(X)=1.90506
i=4 X=[X[1]=1.91297,X[2]=-0.0986663] func(X)=1.90504
i=5 X=[X[1]=1.9128,X[2]=-0.0985007] func(X)=1.90504
```

Listing 5.1 Numerische Bestimmung des Minimums der Zielfunktion $F(X_1, X_2)$ und die Einschränkungen durch zwei Ungleichheitsbedingungen (siehe Gleichungen (5.7)–(5.9))

Konvergenz nach 5
Iterationen! X[1]=1.9128
X[2]=-0.0985007
Der Wert der Pseudo-Zielfunktion an diesem
Punkt: F = 1.905038
══════════════

Für r_p=10
i=1 X=[X[1]=1.91588,X[2]=-0.0954213] func(X)=2.66732
i=2 X=[X[1]=1.99535,X[2]=-0.015239] func(X)=1.99281
i=3 X=[X[1]=1.9901,X[2]=-0.0100397] func(X)=1.99006
i=4 X=[X[1]=1.99016,X[2]=-0.00998143] func(X)=1.99006
Konvergenz nach 4
Iterationen! X[1]=1.99016
X[2]=-0.00998143
Der Wert der Pseudo-Zielfunktion an diesem
Punkt: F = 1.990059
══════════════

Für r_p=20
i=1 X=[X[1]=1.99116,X[2]=-0.00898127] func(X)=1.99815
i=2 X=[X[1]=1.99508,X[2]=-0.00503322] func(X)=1.99502
i=3 X=[X[1]=1.99504,X[2]=-0.00499534] func(X)=1.99501
Konvergenz nach 3
Iterationen! X[1]=1.99504
X[2]=-0.00499534
Der Wert der Pseudo-Zielfunktion an diesem
Punkt: F = 1.995015
══════════════

Für r_p=50
i=1 X=[X[1]=1.99654,X[2]=-0.00349521] func(X)=1.999
i=2 X=[X[1]=1.99801,X[2]=-0.00200534] func(X)=1.998
i=3 X=[X[1]=1.99801,X[2]=-0.00199922] func(X)=1.998
Konvergenz nach 3
Iterationen! X[1]=1.99801
X[2]=-0.00199922
Der Wert der Pseudo-Zielfunktion an diesem
Punkt: F = 1.998002
══════════════

Für r_p=100
i=1 X=[X[1]=1.99901,X[2]=-9.99205*10^-4] func(X)"=1.999
i=2 X=[X[1]=1.999,X[2]=-9.99801*10^-4] func(X)"=1.999
Konvergenz nach 2
Iterationen! X[1]=1.999
X[2]=-9,99801*10^-4
Der Wert der Pseudo-Zielfunktion an diesem
Punkt: F = 1.999001

Listing 5.1 (Fortsetzung)

Der Iterationsverlauf ist in den Abb. 5.5 und 5.6 für jeden Strafparameter, d. h. $r_{p0s} = 0{,}5; 1; 10; 20; 50$, und 100 bzw. $r_{p0s} = 0{,}05; 0{,}1; 0{,}5; 1; 10; 20; 50$, und 100, dargestellt. Aus dieser grafischen Darstellung ist ersichtlich, dass bereits die ersten

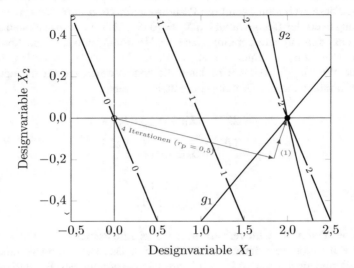

Abb. 5.5 Iterationsverlauf im Konturdiagramm der Zielfunktion $F(X_1, X_2)$ und die Beschränkungen durch zwei Ungleichheitsbedingungen (siehe Gln. (5.7)–(5.9)) für $\alpha_0 = 1{,}0$, $X_0 = [0\ 0]^T$ und $r_{p0s} = [0{,}5; 1; 10; 20; 50; 100]$. Exakte Lösung für das Minimum: $X_{1,\,\mathrm{extr}} = 2{,}0$, $X_{2,\,\mathrm{extr}} = 0{,}0$

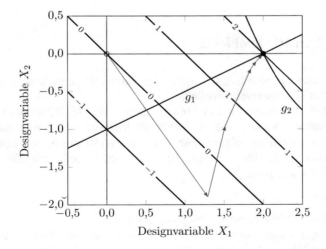

Abb. 5.6 Iterationsverlauf im Konturdiagramm der Zielfunktion $F(X_1, X_2)$ und die Beschränkungen durch zwei Ungleichheitsbedingungen (siehe Gln. (5.7)–(5.9)) für $\alpha_0 = 1{,}0$, $X_0 = [0\ 0]^T$ und $r_{p0s} = [0{,}05; 0{,}1; 0{,}5; 1; 10; 20; 50; 100]$. Exakte Lösung für das Minimum: $X_{1\mathrm{extr}} = 2{,}0$, $X_{2,\mathrm{extr}} = 0{,}0$

Schritte extrem nahe am analytischen Minimum liegen. Die Wahl der r_{p0s} Parameter beeinflusst jedoch den anfänglichen Iterationsverlauf.

Zur weiteren Veranschaulichung des Iterationsprozesses für einen konstanten Wert r_{p0s} sehen wir uns die vier Iterationen für $r_{p0s} = 0{,}5$ näher an, siehe Abb. 5.7. Diese Abbildung zeigt die Pseudo-Zielfunktion $\Phi(\alpha)$ für $r_{p0s} = 0{,}5$ und den Anfangswert der Designvariablen $X_0 = [0\ 0]^T$. Es sind 16 Iterationen erforderlich, um das Minimum auf der Grundlage der Newton-Methode (siehe Abschn. 2.3) für diese Funktion mit einer Variablen, d. h. $\Phi = \Phi(\alpha)$, zu finden. Mit dem erhaltenen Wert $\alpha_{min}^{i=1} = 0{,}0363018$ kann die erste Vorhersage für die optimierten Entwurfsvariablen auf der Grundlage erhalten werden:

$$X^{i=1} = X_0 + \alpha_{min}^{i=1} \times S_0 \tag{5.15}$$

$$= \begin{bmatrix} 0 \\ 0 \end{bmatrix} + 0{,}0363018 \times \begin{bmatrix} 47 \\ 7 \end{bmatrix} \tag{5.16}$$

$$= \begin{bmatrix} 1{,}7061845 \\ 0{,}2541126 \end{bmatrix}. \tag{5.17}$$

Dieser neue Wert $X^{i=1}$ wird verwendet, um erneut die Pseudo-Zielfunktion $\Phi(\alpha)$ für die zweite Iteration zu zeichnen, siehe Abb. 5.8. Das Bewertungsverfahren wird wiederholt und eine neue $\alpha_{min}^{i=2}$ wird zur Aktualisierung der Entwurfsvariablen verwendet. Tab. 5.1 fasst die Werte für die vier Iterationen des Falls $r_{p0s} = 0{,}5$ zusammen.

Das numerische Verfahren wird für $r_{p0s} = 1{,}0$ mit $X_0 = [1{,}8432496 \ -0{,}1950870]^T$ und $\alpha_0 = 1{,}0$ für den ersten Iterationsschritt fortgesetzt.

5.3   Ergänzende Probleme

5.2 Numerische Bestimmung des optimalen Entwurfs eines Kragträgers: Konstante rechteckige Querschnittsfläche

Gegeben ist ein Kragträger, wie in Abb. 5.9 dargestellt. Der Träger wird durch eine einzelne Kraft F_0 belastet und hat konstante Material- (E, ϱ) und geometrische Eigenschaften (I) entlang seiner Achse. Das Material ist isotrop und homogen und die Balkentheorie für dünne Balken (Euler-Bernoulli) sollte für dieses Beispiel angewendet werden, siehe [5].

Gegeben sind:

- Geometrische Abmessungen: $L = 2540$ mm.
- Materialeigenschaften des Trägers: Elastizitätsmodul $E = 68.948$ MPa, Massendichte $\varrho = 2691$ kg/m^3, Anfangsfließgrenze $R_{p0,2} = 247$ MPa.
- Belastung: $F_0 = 2667$ N.

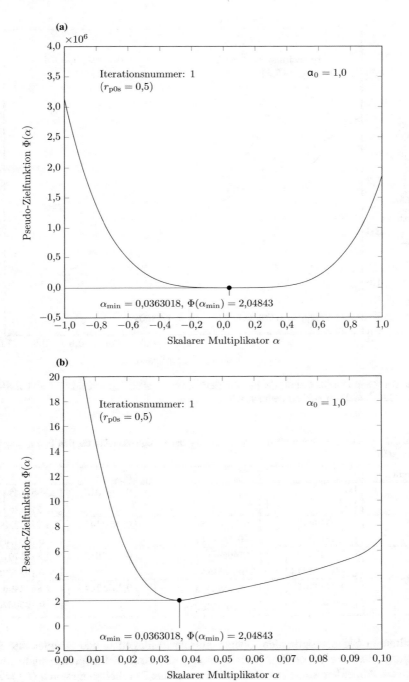

Abb. 5.7 Grafische Darstellung der Pseudo-Zielfunktion $\Phi(\alpha)$ für $r_{p0s} = 0{,}5$, $X_0 = [0\ 0]^T$, und den ersten Iterationsschritt: **a** Gesamtansicht und **b** Vergrößerung

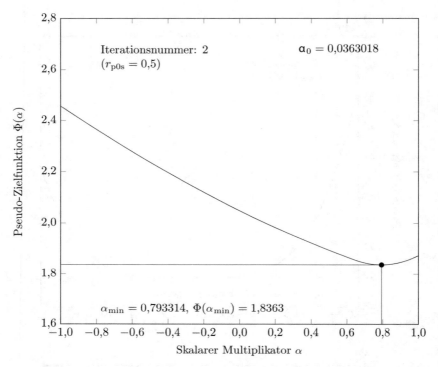

Abb. 5.8 Grafische Darstellung der Pseudo-Zielfunktion $\Phi(\alpha)$ für $r_{\text{p0s}} = 0{,}5$, $X^{i\,=\,1} = [1{,}7061845$ $0{,}2541126]^{\text{T}}$, und den zweiten Iterationsschritt

Tab. 5.1 Numerische Werte für die Aktualisierung der Designvariablen für den Fall $r_{\text{p0s}} = 0{,}5$, $X_0 = [0\ 0]^{\text{T}}$

Iteration i	X^{i-1}	S^{i-1}	$\alpha^i_{\min}$	X^i
1	$\begin{bmatrix} 0 \\ 0 \end{bmatrix}$	$\begin{bmatrix} 47 \\ 7 \end{bmatrix}$	0,0363018	$\begin{bmatrix} 1{,}7061845 \\ 0{,}2541126 \end{bmatrix}$
2	$\begin{bmatrix} 1{,}7061845 \\ 0{,}2541126 \end{bmatrix}$	$\begin{bmatrix} 0{,}0864065 \\ -0{,}5801540 \end{bmatrix}$	0,7933141	$\begin{bmatrix} 1{,}7747320 \\ -0{,}2061318 \end{bmatrix}$
3	$\begin{bmatrix} 1{,}7747320 \\ -0{,}2061318 \end{bmatrix}$	$\begin{bmatrix} 0{,}5465466 \\ 0{,}08140464 \end{bmatrix}$	0,1255852	$\begin{bmatrix} 1{,}8433701 \\ -0{,}1959086 \end{bmatrix}$
4	$\begin{bmatrix} 1{,}8433701 \\ -0{,}1959086 \end{bmatrix}$	$\begin{bmatrix} -5{,}9783264 \times 10^{-4} \\ 0{,}0040758 \end{bmatrix}$	0,2015744	$\begin{bmatrix} 1{,}8432496 \\ -0{,}1950870 \end{bmatrix}$

Bestimmen Sie die optimalen Querschnittsabmessungen a und b unter der Bedingung, dass die wirkende Normalspannung die Anfangsfließgrenze nicht überschreitet. Außerdem sollte der Träger eine maximale Durchbiegung von $u_z(L) = r_1 L$ mit $r_1 = 0{,}03$ nicht überschreiten. Schließlich sollte das Verhältnis von Höhe zu

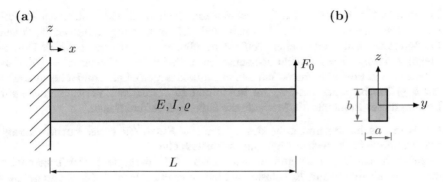

Abb. 5.9 **a** Allgemeine Konfiguration des Problems des Kragträgers; **b** Querschnittsfläche

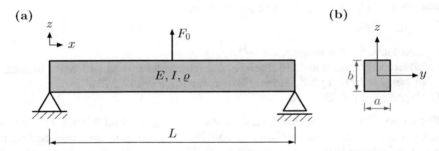

Abb. 5.10 **a** Allgemeine Konfiguration des gelenkig gelagerter Balkens; **b** Querschnittsfläche

Breite auf $b \leq 20a$ begrenzt werden, um Instabilität zu vermeiden. Verwenden Sie zur Lösung dieses Problems die Methode der äußeren Straffunktionen.

Vergleichen Sie die optimierte Lösung mit den Ergebnissen von Problem 3.6.

5.3 Numerische Bestimmung des optimalen Entwurfs eines gelenkig gelagerter Balkens: konstante rechteckige Querschnittsfläche

Gegeben ist ein einfach gelenkig gelagerter Balken, wie in Abb. 5.10 dargestellt. Der Balken wird in der Mitte durch eine einzelne Kraft F_0 belastet und hat konstante Material (E, ϱ) und geometrische Eigenschaften (I) entlang seiner Achse. Das Material ist isotrop und homogen und die Balkentheorie für dünne Balken (Euler-Bernoulli) sollte für dieses Beispiel angewendet werden, siehe [5, 9].

Gegeben sind:

- Geometrische Abmessungen: $L = 2540$ mm.
- Materialeigenschaften des Trägers: Elastizitätsmodul $E = 68.948$ MPa, Massendichte $\varrho = 2691$ kg/m^3, Anfangsfließgrenze $R_{p0,2} = 247$ MPa, Anfangsschubfließgrenze $\tau_p = R_{p0,2}/2$.
- Belastung: $F_0 = 2667$ N.

Bestimmen Sie die optimalen Querschnittsabmessungen a und b unter der Bedingung, dass die einwirkenden Normal- und Schubspannungen die anfänglichen Fließgrenzen nicht überschreiten. Außerdem sollte der Träger eine maximale Durchbiegung von $u_z(L) = r_1 L$ nicht überschreiten, wobei $r_1 = 0{,}03$ oder $r_1 = 0{,}003$ als Alternative in Frage kommen. Schließlich sollte das Verhältnis von Höhe zu Breite auf $b \leq 20a$ begrenzt werden, um Instabilität zu vermeiden. Verwenden Sie zur Lösung dieses Problems die Methode der äußeren Straffunktionen.

5.4 Numerische Bestimmung des optimalen Entwurfs eines kurzen Kragträgers: Konstante rechteckige Querschnittsfläche

Gegeben ist ein kurzer Kragträger, wie in Abb. 5.11 dargestellt. Der Träger wird durch eine einzelne Kraft F_0 belastet und hat konstante Material- (E, ϱ) und geometrische Eigenschaften (I) entlang seiner Achse. Das Material ist isotrop und homogen und die Balkentheorie für dicke Balken sollte für dieses Beispiel angewendet werden, siehe [3, 5, 6, 9] für Details zur Theorie.

Gegeben sind:

- Geometrische Abmessungen: $L = 846{,}33$ mm.
- Materialeigenschaften des Trägers: Elastizitätsmodul $E = 68.948$ MPa, Massendichte $\varrho = 2691$ kg/m^3, Anfangsfließgrenze $R_{p0,2} = 247$ MPa.
- Belastung: $F_0 = 2667$ N.

Bestimmen Sie die optimalen Querschnittsabmessungen a und b unter der Bedingung, dass die maximalen *Normal- und* Schubspannungen die entsprechenden Anfangsfließspannungen nicht überschreiten. Die anfängliche Schubfließspannung kann auf der Grundlage der Fließbedingung nach Tresca angenähert werden. Es wird angenommen, dass die Normalspannung eine lineare Verteilung hat, während die Schubspannung eine parabolische Verteilung über die Balkenhöhe aufweist. Außerdem sollte das Verhältnis von Höhe zu Breite auf $b \leq 20a$ begrenzt werden, um Instabilität zu vermeiden. Verwenden Sie zur Lösung dieses Problems die Methode der äußeren Straffunktionen.

Vergleichen Sie die optimierte Lösung mit den Ergebnissen von Problem 3.8.

Abb. 5.11 a Allgemeiner Aufbau des Problems des kurzen Kragträgers; **b** Querschnittsfläche

(a)   **(b)**

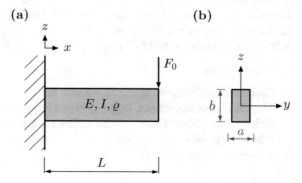

5.5 Optimierung eines einseitig eingespannten Balkens mit zwei Abschnitten

Der in Abb. 5.12 dargestellte einseitig eingespannte Balken wird an seinem rechten Ende durch eine einzelne Kraft F_0 in negativer Z-Richtung belastet. Der Träger ist in zwei Abschnitte der Länge $L_I = L_{II} = \frac{L}{2}$ unterteilt. Das Material der beiden Abschnitte ist gleich, d. h. $E_I = E_{II} = E$, aber jeder Querschnitt ist unterschiedlich. Optimieren Sie die Querschnitte, d. h. die Höhe b_i jedes Abschnitts, während die Breite jedes Abschnitts konstant gleich a bleibt.

Gegeben sind:

- Geometrische Abmessungen: $L = 2540$ mm, $a = 45{,}16$ mm.
- Materialeigenschaften des Trägers: Elastizitätsmodul $E = 68.948$ MPa, Massendichte $\varrho = 2691$ kg/m³, Anfangsfließgrenze $R_{p0,2} = 247$ MPa.
- Belastung: $F_0 = 2667$ N.

Bestimmen Sie die optimierten Querschnittsabmessungen b_i unter der Bedingung, dass die wirkenden Normal- und Schubspannungen die anfänglichen Zug- und

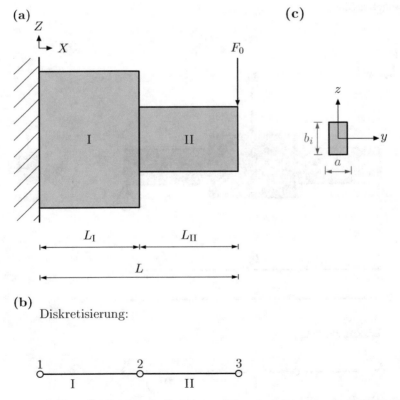

(a)

(c)

(b)

Diskretisierung:

Abb. 5.12 Einseitig eingespannter Stufenbalken mit zwei Abschnitten: **a** allgemeine Konfiguration, **b** Diskretisierung und **c** Querschnitt von Element i

Schubfließspannungen nicht überschreiten. Außerdem sollte der Träger eine maximale Durchbiegung von $|u_z(x = L)| = r_1 L$ mit $r_1 = 0{,}06$ nicht überschreiten. Schließlich sollte das Verhältnis von Höhe zu Breite auf $b_i \le 20a$ begrenzt werden, um Instabilität zu vermeiden. Verwenden Sie zur Lösung dieses Problems die Methode der äußeren Straffunktionen. Einzelheiten zu einem Finite-Elemente-Ansatz zur Berechnung der Verformung und der inneren Reaktionen finden sich beispielsweise in [4, 7, 8].

5.6 Optimierung eines gestuften, gelenkig gelagerten Trägers mit drei Abschnitten

Der in Abb. 5.13 dargestellte gelenkig gelagerte Balken wird durch eine einzelne Kraft F_0 in negativer Z-Richtung in der Mitte des Balkens belastet. Der Träger ist in drei Abschnitte der Länge $L_I = L_{II} = L_{III} = \frac{L}{3}$ unterteilt. Das Material jedes Abschnitts ist gleich, d. h. $E_I = E_{II} = E_{III} = E$, aber der mittlere Abschnitt unterscheidet sich von den äußeren Abschnitten (I = III). Optimieren Sie die Querschnitte, d. h. die Höhe b_i jedes Abschnitts, während die Breite jedes Abschnitts konstant gleich a bleibt.

Gegeben sind:

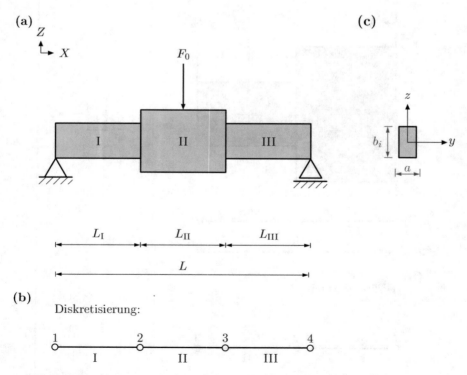

Abb. 5.13 Gelenkig gelagerter Balken mit drei Abschnitten: **a** allgemeine Konfiguration, **b** Diskretisierung und **c** Querschnitt des Elements i

- Geometrische Abmessungen: $L = 2540$ mm, $a = 45{,}16$ mm.
- Materialeigenschaften des Trägers: Elastizitätsmodul $E = 68.948$ MPa, Massendichte $\varrho = 2691$ kg/m^3, Anfangsfließgrenze $R_{p0,2} = 247$ MPa.
- Belastung: $F_0 = 2667$ N.

Bestimmen Sie die optimalen Querschnittsabmessungen b_i unter der Bedingung, dass die wirkenden Normal- und Schubspannungen die anfänglichen Zug- und Schubfließspannungen nicht überschreiten. Außerdem sollte der Träger eine maximale Durchbiegung von $|u_z(x = L/2)| = r_1 L$ mit $r_1 = 0{,}01$ nicht überschreiten. Schließlich sollte das Verhältnis von Höhe zu Breite auf $b_i \leq 20a$ begrenzt werden, um Instabilität zu vermeiden. Verwenden Sie zur Lösung dieses Problems die Methode der äußeren Straffunktionen. Einzelheiten zu einem Finite-Elemente-Ansatz zur Berechnung der Verformung und der inneren Reaktionen finden sich beispielsweise in [4, 7, 8].

5.7 Optimierung eines einseitig eingespannten Balkens mit drei Abschnitten
Der in Abb. 5.14 dargestellte einseitig eingespannten Balken wird an seinem rechten Ende durch eine einzige Kraft F_0 in negativer Z-Richtung belastet. Der Träger ist in drei Abschnitte der Länge $L_{\mathrm{I}} = L_{\mathrm{II}} = L_{\mathrm{III}} = \frac{L}{3}$ unterteilt. Das Material jedes Abschnitts ist dasselbe, d. h. $E_{\mathrm{I}} = E_{\mathrm{II}} = E_{\mathrm{III}} = E$, aber jeder Querschnitt ist unterschiedlich. Optimieren Sie die Querschnitte, d. h. die Abmessungen a_i und $b_i, \ldots$

- Geometrische Abmessungen: $L = 2540$ mm.
- Materialeigenschaften des Trägers: Elastizitätsmodul $E = 68.948$ MPa, Massendichte $\varrho = 2691$ kg/m^3, Anfangsfließgrenze $R_{p0,2} = 247$ MPa.
- Belastung: $F_0 = 2667$ N.

Bestimmen Sie die optimierten Querschnittsabmessungen a_i und b_i unter der Bedingung, dass die einwirkenden Normal- und Schubspannungen die anfänglichen Zug- und Schubfließspannungen nicht überschreiten. Außerdem sollte der Träger eine maximale Durchbiegung von $|u_z(x = L)| = r_1 L$ mit $r_1 = 0{,}06$ nicht überschreiten. Schließlich sollte das Verhältnis von Höhe zu Breite auf $b_i \leq 20a_i$ begrenzt werden, um Instabilität zu vermeiden. Verwenden Sie zur Lösung dieses Problems die Methode der äußeren Straffunktionen. Einzelheiten zu einem Finite-Elemente-Ansatz zur Berechnung der Verformung und der inneren Reaktionen finden sich beispielsweise in [4, 7, 8].

5.8 Optimierung eines gestuften, gelenkig gelagerten Trägers
Der in Abb. 5.15 dargestellte gelenkig gelagerte Balken wird durch eine einzige Kraft F_0 in negativer Z-Richtung in seiner Mitte belastet. Der Balken ist in vier Abschnitte der Länge $L_{\mathrm{I}} = \ldots = L_{\mathrm{IV}} = \frac{L}{4}$ unterteilt. Das Material jedes Abschnitts ist dasselbe, d. h. $E_{\mathrm{I}} = \ldots = E_{\mathrm{IV}} = E$, aber jeder Querschnitt ist unterschiedlich. Bestimmen Sie die Verformungen an jedem Knotenpunkt unter der Annahme, dass der Träger symmetrisch ist, d. h. $I_{\mathrm{IV}} = I_{\mathrm{I}}$ und $I_{\mathrm{III}} = I_{\mathrm{II}}$. Optimieren Sie die Querschnitte, d. h. die Abmessungen a_i und $b_i, \ldots$

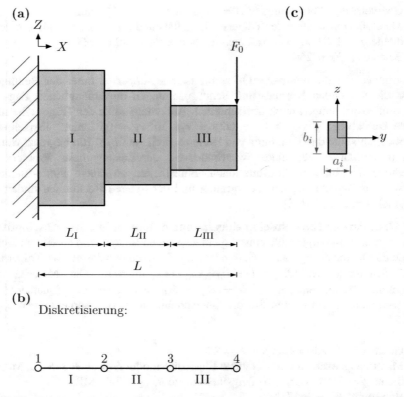

Abb. 5.14 Einseitig eingespannter Stufenbalken mit drei Abschnitten: **a** allgemeine Konfiguration, **b** Diskretisierung und **c** Querschnitt von Element i

Gegeben sind:

- Geometrische Abmessungen: $L = 2540$ mm.
- Materialeigenschaften des Trägers: Elastizitätsmodul $E = 68.948$ MPa, Massendichte $\varrho = 2691$ kg/m^3, Anfangsfließgrenze $R_{p0,2} = 247$ MPa.
- Belastung: $F_0 = 2667$ N.

Bestimmen Sie die optimierten Querschnittsabmessungen a_i und b_i unter der Bedingung, dass die einwirkenden Normal- und Schubspannungen die anfänglichen Zug- und Schubfließspannungen nicht überschreiten. Außerdem sollte der Träger eine maximale Durchbiegung von $|u_z(x = L/2)| = r_1 L$ mit $r_1 = 0,01$ nicht überschreiten. Schließlich sollte das Verhältnis von Höhe zu Breite auf $b_i \leq 20a_i$ begrenzt werden, um Instabilität zu vermeiden. Verwenden Sie zur Lösung dieses Problems die Methode der äußeren Straffunktionen. Einzelheiten zu einem Finite-Elemente-Ansatz zur Berechnung der Verformung und der inneren Reaktionen finden sich beispielsweise in [4, 7, 8].

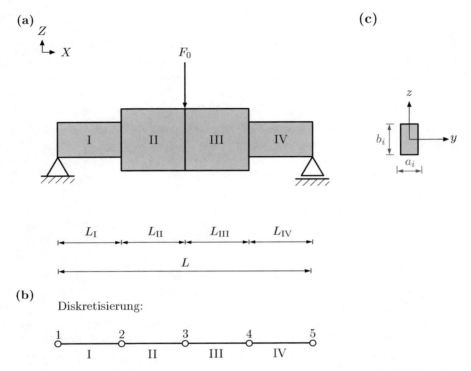

Abb. 5.15 Gelenkig gelagerter Stufenbalken mit vier Abschnitten: **a** allgemeine Konfiguration, **b** Diskretisierung und **c** Querschnitt von Element i

Literatur

1. Allen HG (1966) Optimum design of sandwich struts and beams. In: Plastics in building structures, Proceedings of a conference held in London, 14–16 June 1965. Pergamon Press, Oxford
2. Allen HG (1969) Analysis and design of structural sandwich panels. Pergamon Press, Oxford
3. Boresi AP, Schmidt RJ (2003) Advanced mechanics of materials. Wiley, New York
4. Javanbakht Z, Öchsner A (2018) Computational statics revision course. Springer, Cham
5. Öchsner A (2014) Elasto-plasticity of frame structure elements: modelling and simulation of rods and beams. Springer, Berlin
6. Öchsner A (2016a) Continuum damage and fracture mechanics. Springer, Singapore
7. Öchsner A (2016b) Computational statics and dynamics – an introduction based on the finite lement method. Springer, Singapore
8. Öchsner A (2018) A project-based introduction to computational statics. Springer, Cham
9. Öchsner A (2019) Leichtbaukonzepte anhand einfacher Strukturelemente: Neuer didaktischer Ansatz mit zahlreichen Übungsaufgaben. Springer Vieweg, Berlin
10. Vanderplaats GN (1999) Numerical optimization techniques for engineering design. Vanderplaats Research & Development, Colorado Springs

Kapitel 6
Antworten auf ergänzende Probleme

Zusammenfassung Dieses Kapitel fasst die Kurzlösungen zu den ergänzenden Problemen der einzelnen Kapitel zusammen.

6.1 Probleme aus Kapitel 2

2.8 Numerische Bestimmung eines Minimums
Das folgende Listing 6.1 zeigt den gesamten wxMaxima-Code für die Bestimmung des Minimums.

2.9 Numerische Bestimmung eines Maximums
Um das Maximum der Funktion $F(X)$ zu finden, lösen wir numerisch nach dem Minimum von $-F(X)$. Das folgende Listing 6.2 zeigt den gesamten wxMaxima-Code zur Bestimmung des Minimums.

2.10 Brute-Force-Ansatz zur Bestimmung eines Minimums
Das folgende Listing 6.3 zeigt den gesamten wxMaxima-Code für die Bestimmung des Minimums basierend auf der Brute-Force-Version 1 für den speziellen Fall $n = 10$.

Weitere Werte für eine Variation des Parameters n sind in Tab. 6.1 zusammengefasst.

Der wxMaxima-Code für die Anwendung der Brute-Force-Methode 2 ist in Listing 6.4 dargestellt (Abb. 6.1).

Weitere Werte für eine Variation des Parameters n und den Startwert X_0 sind in Tab. 6.2 zusammengefasst.

© Der/die Autor(en), exklusiv lizenziert an Springer Nature Switzerland AG 2022
A. Öchsner, R. Makvandi, *Numerische technische Optimierung*,
https://doi.org/10.1007/978-3-031-15015-9_6

```
(% i2)      load("my_funs.mac")$
            load("engineering-format")$


(% i9)      func(x) := -2*sin(x)*(1+cos(x))$
            xmin : 0$
            xmax : %pi/2$
            eps : 0.001$

            N : round((log(eps)/(log(1-0.381966))+3))$

            print("N =", N)$
            gss(xmin, xmax, N)$

N = 17

K    x_min     x_1       x_2       x_max     f_min       f_1         f_2         f_max
3  0.0000E-1 5.9999E-1 9.7081E-1 1.5708E+0  0.0000E-1  -2.0613E+0  -2.5827E+0  -2.0000E+0
4  5.9999E-1 9.7081E-1 1.2000E+0 1.5708E+0 -2.0613E+0  -2.5827E+0  -2.5396E+0  -2.0000E+0
5  5.9999E-1 8.2917E-1 9.7081E-1 1.2000E+0 -2.0613E+0  -2.4709E+0  -2.5827E+0  -2.5396E+0
6  8.2917E-1 9.7081E-1 1.0583E+0 1.2000E+0 -2.4709E+0  -2.5827E+0  -2.5978E+0  -2.5396E+0
7  9.7081E-1 1.0583E+0 1.1124E+0 1.2000E+0 -2.5827E+0  -2.5978E+0  -2.5872E+0  -2.5396E+0
8  9.7081E-1 1.0249E+0 1.0583E+0 1.1124E+0 -2.5827E+0  -2.5968E+0  -2.5978E+0  -2.5872E+0
9  1.0249E+0 1.0583E+0 1.0790E+0 1.1124E+0 -2.5968E+0  -2.5978E+0  -2.5955E+0  -2.5872E+0
10 1.0249E+0 1.0456E+0 1.0583E+0 1.0790E+0 -2.5968E+0  -2.5981E+0  -2.5978E+0  -2.5955E+0
11 1.0249E+0 1.0377E+0 1.0456E+0 1.0583E+0 -2.5968E+0  -2.5978E+0  -2.5981E+0  -2.5978E+0
12 1.0377E+0 1.0456E+0 1.0504E+0 1.0583E+0 -2.5978E+0  -2.5981E+0  -2.5980E+0  -2.5978E+0
13 1.0377E+0 1.0426E+0 1.0456E+0 1.0504E+0 -2.5978E+0  -2.5980E+0  -2.5981E+0  -2.5980E+0
14 1.0426E+0 1.0456E+0 1.0474E+0 1.0504E+0 -2.5980E+0  -2.5981E+0  -2.5981E+0  -2.5980E+0
15 1.0456E+0 1.0474E+0 1.0486E+0 1.0504E+0 -2.5981E+0  -2.5981E+0  -2.5981E+0  -2.5980E+0
16 1.0456E+0 1.0467E+0 1.0474E+0 1.0486E+0 -2.5981E+0  -2.5981E+0  -2.5981E+0  -2.5981E+0
17 1.0467E+0 1.0474E+0 1.0479E+0 1.0486E+0 -2.5981E+0  -2.5981E+0  -2.5981E+0  -2.5981E+0
```

Listing 6.1 Numerische Bestimmung des Minimums der Funktion $F(X) = -2 \times \sin(X) \times (1 + \cos(X))$ im Bereich $0 \leq X \leq \frac{\pi}{2}$

```
(% i2)     load("my_funs.mac")$
           load("engineering-format")$


(% i9)     func(x) := -8*x/(x^2-2*x+4)$
           xmin : 0$
           xmax : 10$
           eps : 0.001$

           N : round((log(eps)/(log(1-0.381966))+3))$

           print("N =", N)$
           gss(xmin, xmax, N)$
```

N = 17

K	x_min	x_1	x_2	x_max	f_min	f_1	f_2	f_max
3	0.0000E−1	3.8197E+0	6.1803E+0	1.0000E+1	0.0000E−1	−2.7905E+0	−1.6572E+0	−9.5238E−1
4	0.0000E−1	2.3607E+0	3.8197E+0	6.1803E+0	0.0000E−1	−3.8927E+0	−2.7905E+0	−1.6572E+0
5	0.0000E−1	1.4590E+0	2.3607E+0	3.8197E+0	0.0000E−1	−3.6353E+0	−3.8927E+0	−2.7905E+0
6	1.4590E+0	2.3607E+0	2.9180E+0	3.8197E+0	−3.6353E+0	−3.8927E+0	−3.4953E+0	−2.7905E+0
7	1.4590E+0	2.0163E+0	2.3607E+0	2.9180E+0	−3.6353E+0	−3.9997E+0	−3.8927E+0	−3.4953E+0
8	1.4590E+0	1.8034E+0	2.0163E+0	2.3607E+0	−3.6353E+0	−3.9576E+0	−3.9997E+0	−3.8927E+0
9	1.8034E+0	2.0163E+0	2.1478E+0	2.3607E+0	−3.9576E+0	−3.9997E+0	−3.9798E+0	−3.8927E+0
10	1.8034E+0	1.9350E+0	2.0163E+0	2.1478E+0	−3.9576E+0	−3.9956E+0	−3.9997E+0	−3.9798E+0
11	1.9350E+0	2.0163E+0	2.0665E+0	2.1478E+0	−3.9956E+0	−3.9997E+0	−3.9957E+0	−3.9798E+0
12	1.9350E+0	1.9852E+0	2.0163E+0	2.0665E+0	−3.9956E+0	−3.9998E+0	−3.9997E+0	−3.9957E+0
13	1.9350E+0	1.9660E+0	1.9852E+0	2.0163E+0	−3.9956E+0	−3.9988E+0	−3.9998E+0	−3.9997E+0
14	1.9660E+0	1.9852E+0	1.9971E+0	2.0163E+0	−3.9988E+0	−3.9998E+0	−4.0000E+0	−3.9997E+0
15	1.9852E+0	1.9971E+0	2.0044E+0	2.0163E+0	−3.9998E+0	−4.0000E+0	−4.0000E+0	−3.9997E+0
16	1.9852E+0	1.9925E+0	1.9971E+0	2.0044E+0	−3.9998E+0	−3.9999E+0	−4.0000E+0	−4.0000E+0
17	1.9925E+0	1.9971E+0	1.9999E+0	2.0044E+0	−3.9999E+0	−4.0000E+0	−4.0000E+0	−4.0000E+0

Listing 6.2 Numerische Bestimmung des Minimums der Funktion $F(X) = -\frac{8X}{X^2 - 2X + 4}$ im Bereich $0 \leq X \leq 10$

```
(% i2)    load("my_funs.mac")$
          load("engineering-format")$


(% i7)    func(x) := -2*sin(x)*(1+cos(x))$
          xmin : 0$
          xmax : %pi/2$

          n : 10$

          bf_ver1(xmin, xmax, n)$

          minimum lies in [ 9.4248e-1, 1.2566e+0]
          X_extr = 1.0996e+0 ( i = 7 )
```

Listing 6.3 Numerische Bestimmung des Minimums der Funktion $F(X) = -2 \times \sin(X) \times (1 + \cos(X))$ im Bereich $0 \leq X \leq \frac{\pi}{2}$ mittels der Brute-Force-Methode (Version 1) für $n = 10$ (exakter Wert: $X_{\text{extr}} = 1{,}047$)

Tab. 6.1 Zusammenfassung der ermittelten Mindestwerte (genauer Wert: $X_{\text{extr}} = 1{,}047$) für verschiedene Parameter n, d. h. verschiedene Schrittgrößen (Brute-Force-Version 1)

n	$X_{\min}$	$X_{\max}$	X_{extr}	i
4	7,8540e-1	1,5708e+0	1,1781e+0	3
8	7,8540e-1	1,1781e+0	9,8175e-1	5
10	9,4248e-1	1,2566e+0	1,0996e+0	7
15	9,4248e-1	1,1519e+0	1,0472e-0	10

2.11 Konvergenzrate für den Brute-Force-Ansatz

Abb 6.1 zeigt die Konvergenzrate, ausgedrückt als minimale Koordinate X_{extr}, in Abhängigkeit vom Schrittgrößenparameter n.

```
(% i2)    load("my_funs.mac")$
          load("engineering-format")$


(% i7)    func(x) := -2*sin(x)*(1+cos(x)) $
          xmin : 0$
          xmax : %pi/2$
          x_0 : 0.2$

          n : 10$

          bf_ver2(xmin, xmax, x_0, n)$

          minimum lies in [ 9.8540e-1, 1.1425e+0]
          X_extr = 1.0639e+0 ( i = 6 )
```

Listing 6.4 Numerische Bestimmung des Minimums der Funktion $F(X) = -2 \times \sin(X) \times (1 + \cos(X))$ im Bereich $0 \leq X \leq \frac{\pi}{2}$ mittels der Brute-Force-Methode (Version 2) für $n = 10$ and $X_0 = 0,2$ (exakter Wert: $X_{extr} = 1,047$)

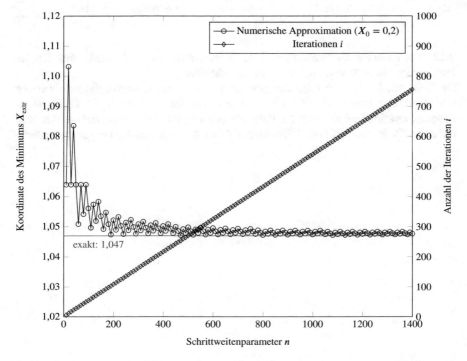

Abb. 6.1 Konvergenzrate des Brute-Force-Ansatzes (Version 2) zur Ermittlung des Minimums der Funktion $F(X) = -2 \times \sin(X) \times (1 + \cos(X))$ im Bereich $0 \leq X \leq \frac{\pi}{2}$

Tab. 6.2 Zusammenfassung der ermittelten Minimalwerte (exakter Wert: $X_{extr} = 1,047$) für verschiedene Parameter n, d. h. verschiedene Schrittgrößen, und verschiedene Startwerte X_0 (Brute-Force-Version 2)

n	X_{min}	X_{max}	X_{extr}	i
$X_0 = 0,2$				
10	9,8540e-1	1,1425e+0	1,0639e+0	6
15	1,0378e+0	1,1425e+0	1,0901e+0	9
20	1,0639e+0	1,1425e+0	1,1032e+0	12
25	1,0168e+0	1,0796e+0	1,0482e+0	14
30	1,0378e+0	1,0901e+0	1,0639e+0	17
35	1,0527e+0	1,0976e+0	1,0752e+0	20
40	1,0639e+0	1,1032e+0	1,0836e+0	23
1000	1,0467e+0	1,0482e+0	1,0474e+0	540
$X_0 = 1,3$				
10	9,8584e-1	1,1429e+0	1,0644e+0	3
15	1,0906e+0	1,1953e+0	1,1429e+0	3
20	1,0644e+0	1,1429e+0	1,1037e+0	4
25	1,0487e+0	1,1115e+0	1,0801e+0	5
30	1,0382e+0	1,0906e+0	1,0644e+0	6
35	1,0307e+0	1,0756e+0	1,0532e+0	7
40	1,0644e+0	1,1037e+0	1,0840e+0	7
1000	1,0471e+0	1,0487e+0	1,0479e+0	162

2.12 Numerische Bestimmung eines Minimums auf der Basis des Brute-Force-Algorithmus mit variabler Intervallgröße

Das folgende Listing 6.5 zeigt den gesamten wxMaxima-Code für die Bestimmung des Minimums basierend auf der Brute-Force-Version 3 für die in Gl. (2.23) angegebene Funktion und $\alpha^{(i)} = 1/10$. Falls die Fibonacci-Folge verwendet werden soll, muss der Code durch alpha: "Fibonacci" (Tab. 6.3, 6.4 und 6.5) ergänzt werden.

```
(% i2)     load("my_funs.mac")$
           load("engineering-format")$


(% i9)     func(x) := -2*sin(x)*(1+cos(x)),
           xmin : 0,
           xmax : %pi/2,
           x0 : [0.2, 1.3],
           alpha : 1/10,
           n : [10, 15, 20, 25, 30, 35, 40, 1000],
           for i : 1 thru length(x0) do (
                printf(true, "~% X_0 = ~f", x0[i]),
                for j : 1 thru length(n) do (
                bf_ver2_varN_table(xmin, xmax, x0[i], n[j], alpha)
                )
           )$



       X_0 = 0.2
            10 3.74532925e-1 17
            15 3.16355283e-1 17
            20 2.87266463e-1 17
            25 2.69813170e-1 17
            30 2.58177642e-1 17
            35 2.49866550e-1 17
            40 2.43633231e-1 17
          1000 2.01745329e-1 16
       X_0 = 1.3
            10 1.12546707e+0 16
            15 1.18364472e+0 16
            20 1.21273354e+0 16
            25 1.23018683e+0 16
            30 1.24182236e+0 15
            35 1.25013345e+0 16
            40 1.25636677e+0 16
          1000 1.29825467e+0 14
```

Listing 6.5 Numerische Bestimmung des Minimums der Funktion $F(X) = -2 \times \sin(X) \times (1 + \cos(X))$ im Bereich $0 \leq X \leq \frac{\pi}{2}$ mittels der Brute-Force-Methode mit variabler Schrittweite (Version 3) und $\alpha^{(i)} = 1/10$ (exakter Wert: $X_{\mathrm{extr}} = 1{,}047$)

Tab. 6.3 Zusammenfassung der ermittelten Minimalwerte (exakter Wert: $X_{extr} = 1{,}047$) für verschiedene Anfangswerte X_0 und Parameter n, d. h. anfängliche Schrittgrößen (Brute-Force-Version 3). Fall: $\alpha^{(i)} = \frac{1}{10}$, d. h. abnehmende Intervallgröße

n	X_{extr}	i
$X_0 = 0{,}2$		
10	3,74532925e-1	17
15	3,16355283e-1	17
20	2,87266463e-1	17
25	2,69813170e-1	17
30	2,58177642e-1	17
35	2,49866550e-1	17
40	2,43633231e-1	17
1000	2,01745329e-1	16
$X_0 = 1{,}3$		
10	1,12546707e+0	16
15	1,18364472e+0	16
20	1,21273354e+0	16
25	1,23018683e+0	16
30	1,24182236e+0	15
35	1,25013345e+0	16
40	1,25636677e+0	16
1000	1,29825467e+0	14

Tab. 6.4 Zusammenfassung der ermittelten Minimalwerte (exakter Wert: $X_{extr} = 1{,}047$) für verschiedene Anfangswerte X_0 und Parameter n, d. h. anfängliche Schrittgrößen (Brute-Force-Version 3). Fall: $\alpha^{(i)} = 1{,}5$, d. h. zunehmende Intervallgröße

n	X_{extr}	i
$X_0 = 0{,}2$		
10	1,21120014e+0	4
15	1,04952265e+0	6
20	1,09481826e+0	13
25	1,26715975e+0	6
30	1,08929980e+0	6
35	1,08465450e+0	12
40	1,23973218e+0	7
1000	1,07091944e+0	20
$X_0 = 1{,}3$		
10	1,26073009e+0	2
15	1,15601034e+0	3
20	1,19200775e+0	3
25	1,10757745e+0	4
30	1,13964787e+0	4
35	1,16255532e+0	4
40	1,17973591e+0	4
1000	1,09933652e+0	12

Tab. 6.5 Zusammenfassung der gefundenen Minimalwerte (exakter Wert: $X_{extr} = 1{,}047$) für verschiedene Anfangswerte X_0 und Parameter n, d. h. anfängliche Schrittgrößen (Brute-Force-Version 3). Fall: $\alpha^{(i)} = 1{,}1$, 2,3, 5,8, 13, ..., d. h. zunehmende Intervallgröße auf Basis der Fibonacci-Folge

n	X_{extr}	i
$X_0 = 0{,}2$		
10	1,23044239e+0	7
15	1,10932478e+0	11
20	1,13462381e+0	7
25	1,24703000e+0	9
30	1,10519756e+0	9
35	1,05042608e+0	11
40	1,05128679e+0	10
1000	1,22872317e+0	14
$X_0 = 1{,}3$		
10	1,06438055e+0	3
15	1,14292037e+0	3
20	1,14292037e+0	4
25	1,17433629e+0	5
30	1,19528024e+0	5
35	1,21024021e+0	5
40	1,22146018e+0	5
1000	1,34748831e+0	10

2.13 Anwendung des Prinzips der minimalen Energie auf ein lineares Federproblem

Die gesamte potenzielle Energie, d. h. die Summe der Dehnungsenergie (Π_i) und der von den externen Lasten geleisteten Arbeit (Π_e), kann wie folgt beschrieben werden (siehe Abb. 6.2):

$$\Pi = \Pi_i + \Pi_e \tag{6.1}$$

$$= \frac{1}{2} k X^2 - F_0 X. \tag{6.2}$$

Ein Minimum der gesamten potenziellen Energie erfordert, dass

$$\frac{\partial \Pi}{\partial X} = kX - F_0 \overset{!}{=} 0, \tag{6.3}$$

was zu der folgenden *analytischen* Lösung für das Minimum führt:

$$X_{extr} = \frac{F_0}{k} = 0{,}625 \ \text{mm}. \tag{6.4}$$

Das folgende Listing 6.6 zeigt den gesamten wxMaxima-Code für die *numerische* Bestimmung des Minimums.

Abb. 6.2 Grafische
Darstellung der
Zielfunktion, d. h. der
gesamten potenziellen
Energie ($F = \Pi$). Exakte
Lösung für das Minimum:
$X_{\text{extr}} = 0{,}625$ mm

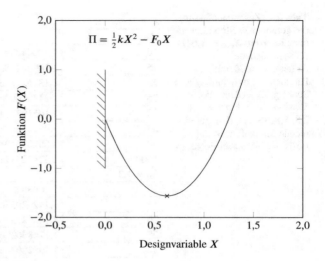

6.2 Probleme aus Kapitel 3

3.6 Numerische Bestimmung der optimalen Konstruktion eines Kragträgers
Die Zielfunktion, d. h. die Masse des Trägers, kann als Funktion der Entwurfsvariablen $X = a$ angegeben werden:

$$F(X) = m(X) = 2\varrho L X^2, \tag{6.5}$$

die unter den folgenden zwei Ungleichheitsbedingungen zu minimieren ist (siehe
Abb. 6.3), [1]:

$$g_1(X) = \frac{F_0 L^3}{2EX^4} - r_1 L \leq 0 \quad \text{(Verschiebung)}, \tag{6.6}$$

$$g_2(X) = \frac{3F_0 L}{2X^3} - R_{\text{p0,2}} \leq 0 \quad \text{(Spannung)}. \tag{6.7}$$

```
(% i2)      load("my_funs.mac")$
            load("engineering-format")$


(% i11)     k : 8$
            F_0 : 5$

            func(X) := (1/2)*k*X^2 - F_0*X$
            Xmin : 0$
            Xmax : 2$
            eps : 0.0001$

            N : round((log(eps)/(log(1-0.381966))+3))$

            print("N =", N)$
            gss(xmin, xmax, N)$

N = 22
```

K	x_min	x_1	x_2	x_max	f_min	f_1	f_2	f_max
3	0.0000E+0	7.6393E−1	1.2361E+0	2.0000E+0	0.0000E+0	−1.4853E+0	−6.8884E−2	6.0000E+0
4	0.0000E+0	4.7214E−1	7.6393E−1	1.2361E+0	0.0000E+0	−1.4690E+0	−1.4853E+0	−6.8884E−2
5	4.7214E−1	7.6393E−1	9.4427E−1	1.2361E+0	−1.4690E+0	−1.4853E+0	−1.1548E+0	−6.8884E−2
6	4.7214E−1	6.5248E−1	7.6393E−1	9.4427E−1	−1.4690E+0	−1.5595E+0	−1.4853E+0	−1.1548E+0
7	4.7214E−1	5.8359E−1	6.5248E−1	7.6393E−1	−1.4690E+0	−1.5556E+0	−1.5595E+0	−1.4853E+0
8	5.8359E−1	6.5248E−1	6.9505E−1	7.6393E−1	−1.5556E+0	−1.5595E+0	−1.5429E+0	−1.4853E+0
9	5.8359E−1	6.2616E−1	6.5248E−1	6.9505E−1	−1.5556E+0	−1.5625E+0	−1.5595E+0	−1.5429E+0
10	5.8359E−1	6.0990E−1	6.2616E−1	6.5248E−1	−1.5556E+0	−1.5616E+0	−1.5625E+0	−1.5595E+0
11	6.0990E−1	6.2616E−1	6.3621E−1	6.5248E−1	−1.5616E+0	−1.5625E+0	−1.5620E+0	−1.5595E+0
12	6.0990E−1	6.1995E−1	6.2616E−1	6.3621E−1	−1.5616E+0	−1.5624E+0	−1.5625E+0	−1.5620E+0
13	6.1995E−1	6.2616E−1	6.3000E−1	6.3621E−1	−1.5624E+0	−1.5625E+0	−1.5624E+0	−1.5620E+0
14	6.1995E−1	6.2379E−1	6.2616E−1	6.3000E−1	−1.5624E+0	−1.5625E+0	−1.5625E+0	−1.5624E+0
15	6.2379E−1	6.2616E−1	6.2763E−1	6.3000E−1	−1.5625E+0	−1.5625E+0	−1.5625E+0	−1.5624E+0
16	6.2379E−1	6.2526E−1	6.2616E−1	6.2763E−1	−1.5625E+0	−1.5625E+0	−1.5625E+0	−1.5625E+0
17	6.2379E−1	6.2470E−1	6.2526E−1	6.2616E−1	−1.5625E+0	−1.5625E+0	−1.5625E+0	−1.5625E+0
18	6.2470E−1	6.2526E−1	6.2560E−1	6.2616E−1	−1.5625E+0	−1.5625E+0	−1.5625E+0	−1.5625E+0
19	6.2470E−1	6.2504E−1	6.2526E−1	6.2560E−1	−1.5625E+0	−1.5625E+0	−1.5625E+0	−1.5625E+0
20	6.2470E−1	6.2491E−1	6.2504E−1	6.2526E−1	−1.5625E+0	−1.5625E+0	−1.5625E+0	−1.5625E+0
21	6.2491E−1	6.2504E−1	6.2513E−1	6.2526E−1	−1.5625E+0	−1.5625E+0	−1.5625E+0	−1.5625E+0
22	6.2491E−1	6.2499E−1	6.2504E−1	6.2513E−1	−1.5625E+0	−1.5625E+0	−1.5625E+0	−1.5625E+0

Listing 6.6 Numerische Bestimmung des Minimums der Funktion $F(X) = \frac{1}{2}kX^2 - F_0X$ im Bereich $0 \leq X \leq 2$ (exakter Wert: $X_{extr} = 0{,}625$)

Das folgende Listing 6.7 zeigt den gesamten wxMaxima-Code zur Bestimmung des Minimums für die in den Gleichungen (6.5, 6.6, 6.7) angegebenen Funktionen.

Abb. 6.3 Optimaler Entwurf eines Kragträgers: $L = 2540$ mm, $F_0 = 2667$ N, $E = 68.948$ MPa, $R_{p0,2} = 247$ MPa, $\varrho = 2{,}691 \times 10^{-6}$ kg/mm³, $r_1 = 0{,}03$ (ursprünglicher Satz von Gleichungen (6.5)–(6.7). Exakte Lösung für das Minimum: $X_{extr} = 45{,}160$ mm

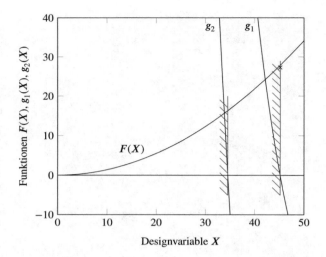

Analytische Lösung auf der Grundlage der grafischen Darstellung in Abb. 6.3:

$$X_{extr} = \left(\frac{F_0 L^3}{2Er_1 L}\right)^{\frac{1}{4}} = 45{,}16 \text{ mm.} \tag{6.8}$$

Alternativ zu den Gleichungen (6.5. 6.6, 6.7) kann man auch eine normalisierte Darstellung bevorzugen, d. h. ohne eine bestimmte Einheit. Durch die Einführung der normierten geometrischen Dimension $a^n = a/L = X^n$ kann man die entsprechenden Gleichungen für die Optimierung wie folgt angeben:

$$F^n(X^n) = F^n(a^n) = \frac{m}{\varrho \times L^3} = 2 \times (a^n)^2 = 2 \times (X^n)^2, \tag{6.9}$$

$$g_1^n(X^n) = g_1^n(a^n) = \frac{F_0}{2EL^2 r_1 (a^n)^4} - 1 = \frac{F_0}{2EL^2 r_1 (X^n)^4} - 1 \le 0, \tag{6.10}$$

$$g_2^n(X^n) = g_2^n(a^n) = \frac{3F_0}{2L^2 R_{p0,2}(a^n)^3} - 1 = \frac{3F_0}{2L^2 R_{p0,2}(X^n)^3} - 1 \le 0. \tag{6.11}$$

```
(% i3)    load("my_funs.mac")$
          load(to_poly_solve)$ /* um zu prüfen, ob alle Wurzeln real sind
          (isreal_p(X))) */ ratprint : false$


(% i28) len : 2540$
          F_0 : 2667$
          Em : 68948$
          R_p02 : 247$
          ro : 2.691E-6$
          r_1 : 0.03$

          f(X) := 2*ro*len*(X^2)$
          g[1](X) := ( (F_0*(len^3)) / (2*Em*(X^4)) ) - (r_1*len)$
          g[2](X) := ( (3*F_0*len) / (2*(X^3)) ) - R_p02$

          Xmin : 0$
          Xmax : 50$
          X0 : 20$
          alpha : 1$
          n : 1000$

          r_p_list : [1, 10, 50, 100, 120, 600]$
          gamma : 1$

          print("==============================")$
          print("========= Lösung =========")$
          print("==============================")$
          drucken(" ")$
          print("Die Pseudo-Objektivfunktion für verschiedene Bereiche von X:")$
          constrained_one_variable_range_detection()$
          print(" ")$
          print("==============================")$
          for i:1 thru length(r_p_list) do (
              r_p_0 : r_p_list[i],
              print(" "),
              printf(true, "~% For r_p= ~,6f :", r_p_0),
              print(" "),
              X_extr : one_variable_constrained_exterior_penalty(Xmin, Xmax, X0, n,
                  alpha, r_p_0, gamma),
              print(" "),
              printf(true, "~% Wert der nicht bestraften Funktion bei X = ~,6f : ~,6f", X_extr,
                      f(X_extr)),
              printf(true, "~% Wert der bestraften Funktion bei X = ~,6f : ~,6f", X_extr,
                      func(X_extr)),
              print(" "),
              print("==============================")
          )$
```

Listing 6.7 Numerische Bestimmung des Minimums für die Funktion (6.5) unter Berücksichtigung der Ungleichheitsbedingungen g_1 und g_2 im Bereich $0 \leq X \leq 50$ mit Hilfe der Exterior-Penalty-Function-Methode (exakte Lösung: $X_{extr} = 45{,}16$)

===
========== Lösung ==========
===

Die Pseudo-Zielfunktion für verschiedene Bereiche von

X: Für 0,000000 < X < 34,521025 :

$$\Phi = 0.01367028X^2 + r_p\left(\left(\frac{10161270}{X^3} - 247\right)^2 + \left(\frac{5463037461000}{17237X^4} - 76.2\right)^2\right)$$

Für 34,521025 < X < 45,160047 :

$$\Phi = 0.01367028X^2 + r_p\left(\frac{5463037461000}{17237X^4} - 76.2\right)^2$$

Für 45,160047 < X < 50,000000 :

$$\Phi = 0.01367028X^2$$

===

Für r_p = 1,000000 :

r_p: 1.000000 , X_extr: 45.175000 , Anzahl der Iterationen: 504

Wert der nicht bestraften Funktion bei X = 45,175000 : 27,898043
Wert der bestraften Funktion bei X = 45,175000 : 27,898043

===

Für r_p = 10.000000 :

r_p: 10.000000 , X_extr: 45.175000 , Anzahl der Iterationen: 504

Wert der nicht bestraften Funktion bei X = 45,175000 : 27,898043
Wert der bestraften Funktion bei X = 45,175000 : 27,898043

===

Für r_p = 50.000000 :

r_p: 50.000000 , X_extr: 45.225000 , Anzahl der Iterationen: 505

Listing 6.7 (Fortsetzung)

Wert der nicht bestraften Funktion bei X = 45.225000 : 27.959832
Wert der bestraften Funktion bei X = 45.225000 : 27.959832

═══════════════════════════════

Für r_p = 100.000000 :

r_p: 100.000000 , X_extr: 45.225000 , Anzahl der Iterationen: 505
Wert der nicht bestraften Funktion bei X = 45.225000 : 27.959832
Wert der bestraften Funktion bei X = 45.225000 : 27.959832

═══════════════════════════════

Für r_p = 120.000000 :

r_p: 120.000000 , X_extr: 45.225000 , Anzahl der Iterationen: 505

Wert der nicht bestraften Funktion bei X = 45.225000 : 27.959832
Wert der bestraften Funktion bei X = 45.225000 : 27.959832

═══════════════════════════════

Für r_p = 600.000000 :

r_p: 600.000000 , X_extr: 45.225000 , Anzahl der Iterationen: 505

Wert der nicht bestraften Funktion bei X = 45.225000 : 27.959832
Wert der bestraften Funktion bei X = 45.225000 : 27.959832

═══════════════════════════════

Listing 6.7 (Fortsetzung)

Die grafische Darstellung dieser normierten Gleichungen ist in Abb. 6.4a zu sehen. Man sieht, dass beide Ungleichheitsbedingungen im gewählten Bereich der Abszisse wieder eine einzige Nullstelle haben. Allerdings sind die Steigungen beider Nebenbedingungen extrem steil. Daher kann ein Skalierungsfaktor β eingeführt werden, um die Ungleichheitsbedingungen wie folgt zu ändern:

(a)

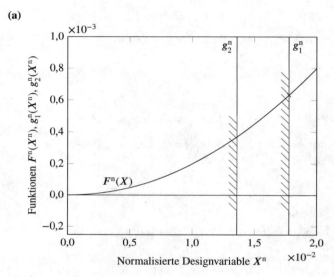

(b)

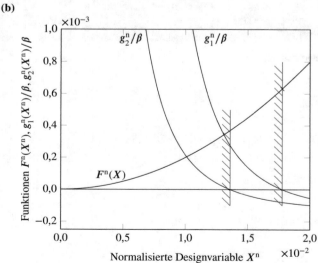

Abb. 6.4 Optimaler Entwurf eines Kragträgers: **a** normalisierte Gleichungen und **b** normalisierte Gleichungen mit skalierten Ungleichheitsbedingungen ($\beta = 7000$). Exakte Lösung für das Minimum: $X_{extr}^n = 0{,}01778$

$$g_1^n(X^n)/\beta = \frac{1}{\beta}\left(\frac{F_0}{2EL^2r_1(X^n)^4} - 1 \leq 0\right), \tag{6.12}$$

$$g_2^n(X^n)/\beta = \frac{1}{\beta}\left(\frac{3F_0}{2L^2R_{p0,2}(X^n)^3} - 1 \leq 0\right). \tag{6.13}$$

Es ist offensichtlich, dass eine solche Skalierung keinen Einfluss auf die Lage der Wurzeln hat, während eine ähnlichere Darstellung aller Kurven erreicht wird (siehe Abb. 6.4b).

Listing 6.8 zeigt den gesamten wxMaxima-Code für die Bestimmung des Minimums für den Satz der *normierten* Funktionen aus den Gleichungen (6.9), (6.12) und (6.13).

```
(% i3)    load("my_funs.mac")$
          load(to_poly_solve)$ /* um zu prüfen, ob alle Wurzeln real sind
          (isreal_p(X))) */ ratprint : false$


(% i29) len : 2540$
          F_0 : 2667$
          Em : 68948$
          R_p02 : 247$
          ro : 2.691E-6$
          r_1 : 0.03$
          beta : 7000$

          f(X) := 2*(X^2)$
          g[1](X) := (1/beta)*(( F_0 / (2*Em*(len^2)*r_1*(X^4)) ) - 1)$
          g[2](X) := (1/beta)*(( (3*F_0) / (2*(len^2)*R_p02*(X^3)) ) - 1)$

          Xmin : 0$
          Xmax : 2E-2$
          X0 : 5E-3$
          alpha : 1$
          n : 1000$

          r_p_list : [1, 10, 50, 100, 120, 600]$
          gamma : 1$

          print("===============================")$
          print("========== Lösung ==========")$
          print("===============================")$
          drucken(" ")$
          print("Die Pseudo-Objektivfunktion für verschiedene Bereiche von X:")$
          constrained_one_variable_range_detection()$
          drucken(" ")$
          print("===============================")$
          for i:1 thru length(r_p_list) do (
              r_p_0 : r_p_list[i],
              print(" "),
              printf(true, "~% For r_p= ~,6f :", r_p_0),
              print(" "),
              X_extr : one_variable_constrained_exterior_penalty(Xmin, Xmax, X0, n,
                  alpha, r_p_0, gamma),
              print(" "),
              r_p : copy(r_p_0),
              printf(true, "~% Wert der nicht bestraften Funktion bei X = ~,6f : ~,6f", X_extr,
                      f(X_extr)),
              printf(true, "~% Wert der bestraften Funktion bei X = ~,6f : ~,6f", X_extr,
                      func(X_extr)),
              print(" "),
              print("===============================")
              X0 : Kopie(X_extr)
          )$
```

Listing 6.8 Numerische Bestimmung des Minimums für die Funktion (6.9) unter Berücksichti-gung der normierten Ungleichheitsbedingungen g_n und g_n im Bereich $0 \leq X_n \leq 0{,}02$ auf der Grundlage der Methode der äußeren Straffunktionen (exakte Lösung: $X_n = 0{,}01778$)

================ Lösung ================

Die pseudo-objektive Funktion für verschiedene

Bereiche von X: Für 0,000000 < X < 0,010787 :

$$\Phi = 2X^2 + r_p \left(\frac{\left(\frac{63}{50190400 X^3} - 1 \right)^2}{49000000} + \frac{\left(\frac{9,99260562500371110^{-8}}{X^4} - 1 \right)^2}{49000000} \right)$$

Für 0,010787 < X < 0,017780 :

$$\Phi = 2X^2 + \frac{r_p \left(\frac{9,99260562500371110^{-8}}{X^4} - 1 \right)^2}{49000000}$$

Für 0,017780 < X < 0,020000 :

$$\Phi = 2X^2$$

Für r_p = 1,000000 :

r_p: 1.000000 , X_extr: 0.007250 , Anzahl der Iterationen: 113

Wert der nicht bestraften Funktion bei X = 0,007250 :
0,000105 Wert der bestraften Funktion bei X = 0,007250 :
0,000130

Für r_p = 10.000000 :

r_p: 10.000000 , X_extr: 0.009100 , Anzahl der Iterationen: 93

Wert der nicht bestraften Funktion bei X = 0,009100 :
0,000166 Wert der bestraften Funktion bei X = 0,009100 :
0,000203

Listing 6.8 (Fortsetzung)

Für r_p = 50.000000 :

r_p: 50.000000 , X_extr: 0.010610 , Anzahl der Iterationen: 76
Wert der nicht bestraften Funktion bei X = 0,010610 : 0,000225
Wert der bestraften Funktion bei X = 0,010610 : 0,000274

Für r_p = 100.000000 :

r_p: 100.000000 , X_extr: 0.011320 , Anzahl der Iterationen: 36

Wert der nicht bestraften Funktion bei X = 0,011320 : 0,000256
Wert der bestraften Funktion bei X = 0,011320 : 0,000309

Für r_p = 120.000000 :

r_p: 120.000000 , X_extr: 0.011510 , Anzahl der Iterationen: 10

Wert der nicht bestraften Funktion bei X = 0,011510 : 0,000265
Wert der bestraften Funktion bei X = 0,011510 : 0,000319

Für r_p = 600.000000 :

r_p: 600.000000 , X_extr: 0.013280 , Anzahl der Iterationen: 89

Wert der nicht bestraften Funktion bei X = 0,013280 : 0,000353
Wert der bestraften Funktion bei X = 0,013280 : 0,000413

Listing 6.8 (Fortsetzung)

Abb. 6.5 Optimaler Entwurf einer Druckstrebe: $L = 1000$ mm, $F_0 = 2667$ N, $E = 70.000$ MPa, $R_{p0,2} = 247$ MPa, $\varrho = 2{,}691 \times 10^{-6}$ kg/mm^3 (betrachteter Gleichungssatz (6.14)–(6.16)). Exakte Lösung für das Minimum: $X_{\mathrm{extr}} = 17{,}447$ mm

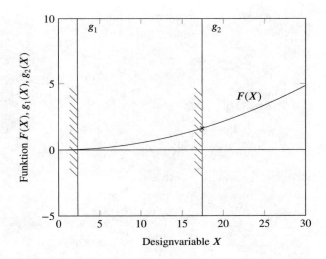

3.7 Numerische Bestimmung der optimalen Auslegung einer Druckstrebe

Die Zielfunktion, d. h. die Masse der Strebe, kann als Funktion der Entwurfsvariablen $X = a$ angegeben werden:

$$F(X) = m(X) = 2\varrho L X^2, \tag{6.14}$$

die unter den folgenden zwei Ungleichheitsbedingungen zu minimieren ist (siehe Abb. 6.5), [1]:

$$g_1(X) = \frac{F_0}{2X^2} - R_{p0,2} \leq 0 \quad \text{(Spannung),} \tag{6.15}$$

$$g_2(X) = F_0 - \frac{\pi^2 E X^4}{24 L^2} \leq 0 \quad \text{(Knickung).} \tag{6.16}$$

Das folgende Listing 6.9 zeigt den gesamten wxMaxima-Code zur Bestimmung des Minimums für die in den Gleichungen (6.14)–(6.16) angegebenen Funktionen.

```
(% i3)    load("my_funs.mac")$
          load(to_poly_solve)$ /* um zu prüfen, ob alle Wurzeln real sind
          (isreal_p(X)) */ ratprint : false$


(% von i28) nur : 1000$
          F_0 : 2667$
          Em : 70000$
          R_p02 : 247$
          ro : 2.691E-6$
          r_1 : 0.03$

          f(X) := 2*ro*len*(X^2)$
          g[1](X) := (F_0 / (2*(X^2)) ) - R_p02$
          g[2](X) := F_0 - ( (%pi^2*Em*X^4) / (24*(len^2)) )$

          Xmin : 0$
          Xmax : 30$
          X0 : 10$
          alpha : 1$
          n : 1000$

          r_p_list : [1, 10, 50, 100, 120, 600]$
          gamma : 1$

          print("==============================")$
          print("========== Lösung =========")$
          print("==============================")$
          drucken(" ")$
          print("Die Pseudo-Objektivfunktion für verschiedene Bereiche
          von X:")$ constrained_one_variable_range_detection()$
          print(" ")$
          print("==============================")$
          for i:1 thru length(r_p_list) do (
```

Listing 6.9 Numerische Bestimmung des Minimums für die Funktion (6.14) unter Berücksichtigung der Ungleichheitsbedingungen g_1 und g_2 im Bereich $0 \leq X \leq 30$ mit Hilfe der Exterior-Penalty-Function-Methode (exakte Lösung: $X_{extr} = 17{,}447$)

```
    r_p_0 : r_p_list[i],
    print(" "),
    printf(true, " ~ %  For r_p= ~,6f :", r_p_0),
    print(" "),
    X_extr : one_variable_constrained_exterior_penalty(Xmin, Xmax, X0, n,
        alpha, r_p_0, gamma),
    print(" "),
    r_p : copy(r_p_0),
    printf(true, " ~ %  Wert der nicht bestraften Funktion bei X = ~,6f : ~,6f", X_extr,
                        f(X_extr)),
    printf(true, " ~ %  Wert der bestraften Funktion bei X = ~,6f : ~,6f", X_extr,
                        func(X_extr)),
    print(" "),
    print("=============================")
    X0 : Kopie(X_extr)
)$
```

================ Lösung ================

Die Pseudo-Zielfunktion für verschiedene Bereiche von X:

Für $0{,}000000 < X < 2{,}323529$:

$$\Phi = \left(\left(2667 - \frac{7\pi^2 X^4}{2400} \right)^2 + \left(\frac{2667}{2X^2} - 247 \right)^2 \right) r_p + 0.005382 X^2$$

Für $2{,}323529 < X < 17{,}446532$:

$$\Phi = \left(2667 - \frac{7\pi^2 X^4}{2400} \right)^2 r_p + 0.005382 X^2$$

Für $17{,}446532 < X < 30{,}000000$:

$$\Phi = 0.005382 X^2$$

Für r_p = $1{,}000000$:

r_p: 1.000000 , X_extr: 17.485000 , Anzahl der Iterationen: 250

Listing 6.9 (Fortsetzung)

Wert der nicht bestraften Funktion bei X = 17,485000 : 1,645413
Wert der bestraften Funktion bei X = 17,485000 : 1,645413

Für r_p = 10.000000 :

r_p: 10.000000 , X_extr: 17.470000 , Anzahl der Iterationen: 2

Wert der nicht bestraften Funktion bei X = 17,470000 : 1,642591
Wert der bestraften Funktion bei X = 17,470000 : 1,642591

Für r_p = 50.000000 :

r_p: 50.000000 , X_extr: 17.485000 , Anzahl der Iterationen: 1

Wert der nicht bestraften Funktion bei X = 17,485000 : 1,645413
Wert der bestraften Funktion bei X = 17,485000 : 1,645413

Für r_p = 100.000000 :

r_p: 100.000000 , X_extr: 17.470000 , Anzahl der Iterationen: 2

Wert der nicht bestraften Funktion bei X = 17,470000 : 1,642591
Wert der bestraften Funktion bei X = 17,470000 : 1,642591

Für r_p = 120.000000 :

r_p: 120.000000 , X_extr: 17.485000 , Anzahl der Iterationen: 1

Wert der nicht bestraften Funktion bei X = 17,485000 : 1,645413
Wert der bestraften Funktion bei X = 17,485000 : 1,645413

Für r_p = 600.000000 :

r_p: 600.000000 , X_extr: 17.470000 , Anzahl der Iterationen: 2

Wert der nicht bestraften Funktion bei X = 17,470000 : 1,642591
Wert der bestraften Funktion bei X = 17,470000 : 1,642591

Listing 6.9 (Fortsetzung)

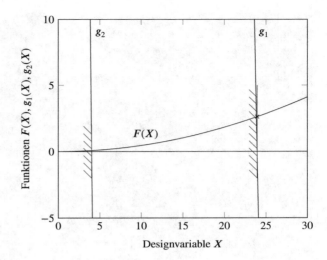

Abb. 6.6 Optimaler Entwurf eines kurzen Kragträgers: $L = 846{,}67$ mm, $F_0 = 2667$ N, $E = 68.948$ MPa, $R_{p0,2} = 247$ MPa, $\varrho = 2{,}691 \times 10^{-6}$ kg/mm^3, (Gleichungssatz (6.17)–(6.19)). Exakte Lösung für das Minimum: $X_{\text{extr}} = 23{,}936$ mm

3.8 Numerische Bestimmung des optimalen Entwurfs eines kurzen Kragträgers

Die Zielfunktion, d. h. die Masse des Trägers, kann als Funktion der Entwurfsvariablen $X = a$ angegeben werden:

$$F(X) = m(X) = 2\varrho L X^2, \tag{6.17}$$

die unter den folgenden zwei Ungleichheitsbedingungen zu minimieren ist (siehe Abb. 6.6), [1]:

$$g_1(X) = \frac{3F_0 L}{2X^3} - R_{p0,2} \leq 0 \quad \text{(Normalspannung)}, \tag{6.18}$$

$$g_2(X) = \frac{3F_0}{4X^2} - \frac{R_{p0,2}}{2} \leq 0 \quad \text{(Schubspannung)}. \tag{6.19}$$

Das folgende Listing 6.10 zeigt den gesamten wxMaxima-Code zur Bestimmung des Minimums für die in den Gleichungen (6.17)–(6.19) angegebenen Funktionen.

```
(% i3)    load("my_funs.mac")$
          load(to_poly_solve)$ /* um zu prüfen, ob alle Wurzeln real sind
          (isreal_p(X))) */ ratprint : false$

(% i28) len : 846.67$
          F_0 : 2667$
          Em : 68948$
          R_p02 : 247$
          ro : 2.691E-6$
          r_1 : 0.03$

          f(X) := 2*ro*len*(X^2)$
          g[1](X) := (3*F_0*len / (2*(X^3)) ) - R_p02$
          g[2](X) := 3*F_0/(4*X^2) - ( R_p02 / 2 )$

          Xmin : 0$
          Xmax : 30$
          X0 : 10$
          alpha : 1$
          n : 1000$

          r_p_list : [1, 10, 50, 100, 120, 600]$
          gamma : 1$

          print("===============================")$
          print("========== Lösung ==========")$
          print("===============================")$
          drucken(" ")$
          print("Die Pseudo-Objektivfunktion für verschiedene Bereiche von X:")$
          constrained_one_variable_range_detection()$
          print(" ")$
          print("===============================")$
          for i:1 thru length(r_p_list) do (
              r_p_0 : r_p_list[i],
              print(" "),
              printf(true, "~% For r_p= ~,6f :", r_p_0),
              print(" "),
              X_extr : one_variable_constrained_exterior_penalty(Xmin, Xmax, X0, n,
                  alpha, r_p_0, gamma),
              print(" "),
              r_p : copy(r_p_0),
              printf(true, "~% Wert der nicht bestraften Funktion bei X = ~,6f : ~,6f", X_extr,
                              f(X_extr)),
              printf(true, "~% Wert der bestraften Funktion bei X = ~,6f : ~,6f", X_extr,
                              func(X_extr)),
              print(" "),
              print("=============================")
              X0 : Kopie(X_extr)
          )$
```

Listing 6.10 Numerische Bestimmung des Minimums für die Funktion (6.17) unter Berücksichtigung der Ungleichheitsbedingungen g_1 und g_2 im Bereich $0 \leq X \leq 30$ mit Hilfe der Exterior-Penalty-Function-Methode (exakte Lösung: $X_{extr} = 23{,}936$)

===========
=========== Lösung ===========
===========

Die Pseudo-Zielfunktion für verschiedene Bereiche von

X: Für 0,000000 < X < 4,024470 :

$$\Phi = \left(\left(\frac{8001}{4X^2} - \frac{247}{2} \right)^2 + \left(\frac{3387103.335}{X^3} - 247 \right)^2 \right) r_p + 0.00455677794 X^2$$

Für 4,024470 < X < 23,935573 :

$$\Phi = \left(\frac{3387103.335}{X^3} - 247 \right)^2 r_p + 0.00455677794 X^2$$

Für 23,935573 < X < 30,000000 :

$$\Phi = 0.00455677794 X^2$$

Für r_p = 1,000000 :

r_p: 1.000000 , X_extr: 23.965000 , Anzahl der Iterationen: 466

Wert der nicht bestraften Funktion bei X = 23,965000 : 2,617054
Wert der bestraften Funktion bei X = 23,965000 : 2,617054

Für r_p = 10.000000 :

r_p: 10.000000 , X_extr: 23.950000 , Anzahl der Iterationen: 2

Wert der nicht bestraften Funktion bei X = 23,950000 : 2,613779
Wert der bestraften Funktion bei X = 23,950000 : 2,613779

Für r_p = 50.000000 :

r_p: 50.000000 , X_extr: 23.965000 , Anzahl der Iterationen: 1

Wert der nicht bestraften Funktion bei X = 23,965000 : 2,617054
Wert der bestraften Funktion bei X = 23,965000 : 2,617054

Listing 6.10 (Fortsetzung)

Für r_p = 100.000000 :

r_p: 100.000000 , X_extr: 23.980000 , Anzahl der Iterationen: 1

Wert der nicht bestraften Funktion bei X = 23,980000 : 2,620331
Wert der bestraften Funktion bei X = 23,980000 : 2,620331

Für r_p = 120.000000 :

r_p: 120.000000 , X_extr: 23.965000 , Anzahl der Iterationen: 2

Wert der nicht bestraften Funktion bei X = 23,965000 : 2,617054
Wert der bestraften Funktion bei X = 23,965000 : 2,617054

Für r_p = 600.000000 :

r_p: 600.000000 , X_extr: 23.980000 , Anzahl der Iterationen: 1

Wert der nicht bestraften Funktion bei X = 23,980000 : 2,620331
Wert der bestraften Funktion bei X = 23,980000 : 2,620331

Listing 6.10 (Fortsetzung)

6.3   Probleme aus Kapitel 4

4.5 Numerische Bestimmung des Minimums einer unbeschränkten Funktion mit zwei Variablen auf der Grundlage der Newtonschen Methode

Das folgende Listing 6.11 zeigt den gesamten wxMaxima-Code für die Bestimmung des Minimums der in Gl. (4.27) angegebenen Zielfunktion

```
(% i12)    load("my_funs.mac")$

           fpprintprec:8$
           ratprint: false$

           c : 1.5$
           a : 1$
           b : 1$

           func(X) := -sqrt(c^2*(1-(X[1]^2/a^2)-(X[2]^2/b^2)))$

           eps : 1/1000$

           no_of_vars : 2$

           X_0 : [X[1]=-0.5,X[2]=0.5]$
           alpha_0 : 1$

           X_new : Newton_multi_variable_unconstrained(func,no_of_vars,X_0,alpha_0,
                              eps,"Kuhn_Tucker",true)$

i=1 X=[X[1]=-4.5474735*10^-13, X[2]=4.5474735*10^-13] func(X) =-1.5
Converged after 1 iterations!
```

Listing 6.11 Numerische Bestimmung des Minimums der Funktion (4.27) mittels der Newtonschen Methode für den Startpunkt $X_0 = [-0,5\ 0,5]^T$

6.4   Probleme aus Kapitel 5

5.2 Numerische Bestimmung des optimalen Entwurfs eines Kragträgers: Konstante rechteckige Querschnittsfläche

Die Zielfunktion, d. h. die Masse des Trägers, kann als Funktion der beiden Entwurfsvariablen $X_1 = a$ und $X_2 = b$ angegeben werden:

$$F(X_1, X_2) = m(X_1, X_2) = \varrho V = \varrho L X_1 X_2, \tag{6.20}$$

die unter den folgenden drei Ungleichheitsbedingungen zu minimieren ist (siehe Abb. 6.7), [1, 4]:

$$g_1(X_1, X_2) = \frac{4F_0 L^3}{E X_1 X_2^3} - r_1 L \leq 0 \qquad \text{(Verschiebung)}, \tag{6.21}$$

$$g_2(X_1, X_2) = \frac{6F_0 L}{X_1 X_2^2} - R_{p0,2} \leq 0 \qquad \text{(Normalspannung)}, \tag{6.22}$$

$$g_3(X_1, X_2) = X_2 - 20X_1 \leq 0 \qquad \text{(Verhältnis Höhe/Breite)}. \tag{6.23}$$

Bei der Auswertung von Abb. 6.7 lässt sich leicht feststellen, dass das Minimum unter den gegebenen Ungleichheitsbedingungen durch den Schnittpunkt der Kurven g_1 und g_3 gegeben ist. Eine einfache Berechnung zeigt die *analytische* Lösung als:

Abb. 6.7 Optimaler Entwurf eines Kragträgers: $L = 2540$ mm, $F_0 = 2667$ N, $E = 68.948$ MPa, $R_{p0,2} = 247$ MPa, $\varrho = 2{,}691 \times 10^{-6}$ kg/mm^3, $r_1 = 0{,}03$ (ursprünglicher Satz der Gleichungen (6.20)–(6.23)). Exakte Lösung für das Minimum: $X_{1,\mathrm{extr}} = 8{,}031$ mm, $X_{2,\mathrm{extr}} = 160{,}614$ mm (gekennzeichnet durch den Marker ●)

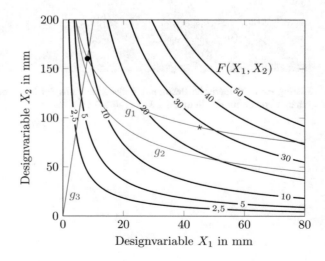

$$X_{1,\text{extr}} = (20)^{-\frac{3}{4}} \times \left(\frac{4F_0 L^2}{Er_1} \right)^{\frac{1}{4}} = 8{,}031 \ \text{mm,} \tag{6.24}$$

$$X_{2,\text{extr}} = 20 \times X_{1,\text{extr}} = 160{,}614 \ \text{mm.} \tag{6.25}$$

Das Ergebnis aus Problem 3.6, d. h. $a = 45{,}160$ und $2a = 90{,}3$, ist in Abb. 6.7 durch eine Markierung $\star$ gekennzeichnet. Für diese geometrischen Abmessungen ergibt sich eine Gesamtmasse von $F(a, 2a) = m(a, 2a) = 27{,}9$ kg, während die Optimierung für variable Breite und Höhe $F(X_{1,\ \text{extr}}, X_{2,\ \text{extr}}) = m(X_{1,\ \text{extr}}, X_{2,\ \text{extr}}) = 8{,}8$ kg ergibt.

Das folgende Listing 6.12 zeigt den gesamten wxMaxima-Code für die Bestimmung des Minimums der in Gl. (6.20) gegebenen Zielfunktion.

```
(% i12) load("my_funs.mac")$

        fpprintprec:6$
        ratprint: false$
        eps : 1/1000

        L  :  2540$
        E : 68948$
        ro : 2.691e-6$
        R_p02 : 247$
        F_0 : 2667$
        r_1 : 0.03$

        func_obj(X) := ro*L*X[1]*X[2]$

        g[1](X) :=(4*F_0*(L^3))/(E*X[1]*(X[2]^3)) - r_1*L$
        g[2](X) := (6*F_0*L)/(X[1]*(X[2]^2)) - R_p02$
        g[3](X) := X[2] - 20*X[1]$

        no_of_vars : 2$

        X_0 : [X[1]=1,X[2]=1]$
        alpha_0 : 1$
        r_p_0s : [0.5, 1, 10, 20, 50, 100]$

        gamma_wert : 1$

        for r : 1 thru length(r_p_0s) do (
            print("=============="),
            print("Für ", r_p = r_p_0s[r]),
            [X_new, pseudo_objective_fun_value] : Newton_multi_variable_constrained
              (func_obj,no_of_vars,X_0,alpha_0,eps,r_p_0s[r], gamma_value,
              "Kuhn_Tucker",false),
            print(X["1"] = rhs(X_new[1])),
            print(X["2"] = rhs(X_new[2])),
            printf(true, "Der Pseudo-Objektiv-Funktionswert an diesem
                   Punkt: F = ~,6f", pseudo_objektiver_Funktionswert),
            X_0 : Kopie(X_neu)
        )$
```

```
==============
Für r_p=0,5
Konvergenz nach 18 Iterationen!
X[1]=8.02817
X[2]=160.591
Der Wert der Pseudo-Zielfunktion an diesem Punkt: F = 8.814248

==============
Für r_p=1
Konvergenz nach 1 Iteration!
X[1]=8.02944
```

Listing 6.12 Numerische Bestimmung des Minimums der Zielfunktion $F(X_1, X_2)$ und der Einschränkungen durch drei Ungleichheitsbedingungen (siehe Gleichungen (6.20)–(6.23))

```
X[2]=160.603
Der Wert der Pseudo-Zielfunktion an diesem Punkt: F = 8.815272
============

Für r_p=10
Konvergenz nach 2
Iterationen! X[1]=8.03059
X[2]=160.613
Der Wert der Pseudo-Zielfunktion an diesem Punkt: F = 8.816194
============

Für r_p=20
Konvergiert nach 1
Iteration! X[1]=8.03065
X[2]=160.614
Der Wert der Pseudo-Zielfunktion an diesem Punkt: F = 8.816245
============

Für r_p=50
Konvergiert nach 1
Iteration! X[1]=8.03069
X[2]=160.614
Der Wert der Pseudo-Zielfunktion an diesem Punkt: F = 8.816276
============

Für r_p=100
Konvergiert nach 1
Iteration! X[1]=8.03071
X[2]=160.614
Der Wert der Pseudo-Zielfunktion an diesem Punkt: F = 8.816286
```

Listing 6.12 (Fortsetzung)

5.3 Numerische Bestimmung des optimalen Entwurfs eines gelenkig gelagerter Balkens: Konstante rechteckige Querschnittsfläche

Die Zielfunktion, d. h. die Masse des Trägers, kann als Funktion der beiden Entwurfsvariablen $X_1 = a$ und $X_2 = b$ angegeben werden:

$$F(X_1, X_2) = m(X_1, X_2) = \varrho V = \varrho L X_1 X_2, \tag{6.26}$$

die unter den folgenden vier Ungleichheitsbedingungen zu minimieren ist (siehe Abb. 6.8), [1]:

$$g_1(X_1, X_2) = \frac{3F_0 L}{2X_1 X_2^2} - R_{p0,2} \leq 0 \quad \text{(Normalspannung),} \tag{6.27}$$

(a)

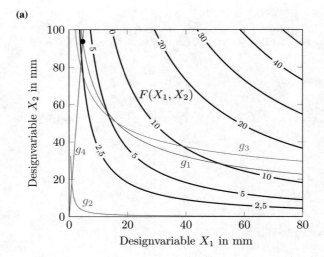

(b)

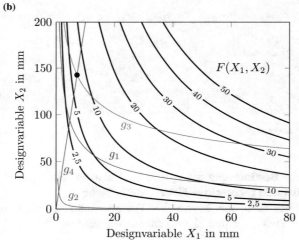

Abb. 6.8 Optimale Bemessung eines einfach gelenkig gelagerter Balkens mit $L = 2540$ mm, $F_0 = 2667$ N, $E = 68.948$ MPa, $R_{p0,2} = 247$ MPa, $\varrho = 2{,}691 \times 10^{-6}$ kg/mm³ (ursprünglicher Gleichungssatz (6.26)–(6.30)): **a** $r_1 = 0{,}03$, exakte Lösung für das Minimum: $X_{1,\,extr} = 4{,}685$ mm, $X_{2,\,extr} = 93{,}704$ mm (gekennzeichnet durch die Markierung ●), **b** $r_1 = 0{,}003$, exakte Lösung für das Minimum: $X_{1,\,extr} = 7{,}140$ mm, $X_{2,\,extr} = 142{,}809$ mm (gekennzeichnet durch den Marker ●)

$$g_2(X_1, X_2) = \frac{3F_0}{4X_1X_2} - \frac{R_{p0,2}}{2} \leq 0 \qquad \text{(Schubspannung)}, \qquad (6.28)$$

$$g_3(X_1, X_2) = \frac{F_0 L^3}{4EX_1X_2^3} - r_1 L \leq 0 \qquad \text{(Verschiebung)}, \qquad (6.29)$$

$$g_4(X_1, X_2) = X_2 - 20X_1 \leq 0 \qquad \text{(Verhältnis Höhe/Breite)}. \qquad (6.30)$$

Bei der Auswertung von Abb. 6.8 lässt sich leicht feststellen, dass das Minimum unter den gegebenen Ungleichheitsbedingungen durch den Schnittpunkt der Kurven g_1 und g_4 für den Fall $r_1 = 0{,}03$ und als Schnittpunkt der Kurven g_3 und g_4 für den Fall $r_1 = 0{,}003$ gegeben ist. Eine einfache Berechnung zeigt die *analytischen* Lösungen als:

$$X_{1,\text{extr}}\big|_{r_1 = 0,03} = (20)^{-\frac{2}{3}} \times \left(\frac{3F_0 L}{2R_{p0,2}}\right)^{\frac{1}{3}} = 4{,}685 \ \text{mm}, \qquad (6.31)$$

$$X_{2,\text{extr}}\big|_{r_1 = 0,03} = 20 \times X_{1,\text{extr}} = 93{,}704 \ \text{mm}, \qquad (6.32)$$

oder

$$X_{1,\text{extr}}\big|_{r_1 = 0,003} = (20)^{-\frac{3}{4}} \times \left(\frac{F_0 L^2}{4Er_1}\right)^{\frac{1}{4}} = 7{,}140 \ \text{mm}, \qquad (6.33)$$

$$X_{2,\text{extr}}\big|_{r_1 = 0,003} = 20 \times X_{1,\text{extr}} = 142{,}809 \ \text{mm}. \qquad (6.34)$$

Das folgende Listing 6.13 zeigt den gesamten wxMaxima-Code für die Bestimmung des Minimums der in Gl. (6.26) gegebenen Zielfunktion im Fall von $r_1 = 0{,}03$.

```
(% i12) load("my_funs.mac")$

          fpprintprec:6$
          ratprint: false$
          eps : 1/1000

          L:   $2540
          E: $68948
          ro : 2.691e-6$
          R_p02 : 247$
          F_0 : 2667
          r_1 : 0.03$

          func_obj(X) := ro*L*X[1]*X[2]$

          g[1](X) := (3*F_0*L)/(2*X[1]*(X[2]^2)) - R_p02$
          g[2](X) := (3*F_0)/(4*X[1]*(X[2])) - R_p02/2$
          g[3](X) := (F_0*(L^3))/(4*E*X[1]*(X[2]^3)) - r_1*L$
          g[4](X) := X[2]-20*X[1]$
          no_of_vars : 2$

          X_0 : [X[1]=1,X[2]=1]$

alpha_0 : 1$
r_p_0s : [0.5, 1, 10, 20, 50, 100]$

gamma_wert : 1$

for r : 1 thru length(r_p_0s) do (
    print("=============="),
    print("Für ", r_p = r_p_0s[r]),
    [X_new, pseudo_objective_fun_value] : Newton_multi_variable_constrained
      (func_obj,no_of_vars,X_0,alpha_0,eps,r_p_0s[r], gamma_value,
      "Kuhn_Tucker",false),
    print(X["1"] = rhs(X_new[1])),
    print(X["2"] = rhs(X_new[2])),
    printf(true, "Der Pseudo-Objektiv-Funktionswert an diesem
          Punkt: F = ~,6f", pseudo_objektiver_Funktionswert),
    X_0 : Kopie(X_neu)
)$
```

```
Für r_p=0,5
Konvergenz nach 37
Iterationen! X[1]=4.68483
X[2]=93.7072
Der Wert der Pseudo-Zielfunktion an diesem Punkt: F = 3.000724
```

Listing 6.13 Numerische Bestimmung des Minimums der Zielfunktion $F(X_1, X_2)$ und der Einschränkungen durch vier Ungleichheitsbedingungen (siehe Gleichungen (6.26)–(6.30)) im Fall von $r_1 = 0{,}03$

```
════════════════
Für r_p=1
Konvergenz nach 1
Iteration! X[1]=4.68503
X[2]=93.7058
Der Wert der Pseudo-Zielfunktion an diesem Punkt: F = 3.000766

════════════════
Für r_p=10
Konvergenz nach 1
Iteration! X[1]=4.6852
X[2]=93.7046
Der Wert der Pseudo-Zielfunktion an diesem Punkt: F = 3.000803

════════════════
Für r_p=20
Konvergenz nach 1
Iteration! X[1]=4.68521
X[2]=93.7045
Der Wert der Pseudo-Zielfunktion an diesem Punkt: F = 3.000805

════════════════
Für r_p=50
Konvergenz nach 1
Iteration! X[1]=4.68522
X[2]=93.7045
Der Wert der Pseudo-Zielfunktion an diesem Punkt: F = 3.000806

════════════════
Für r_p=100
Konvergenz nach 1
Iteration! X[1]=4.68522
X[2]=93.7045
Der Wert der Pseudo-Zielfunktion an diesem Punkt: F = 3.000807
```

Listing 6.13 (Fortsetzung)

5.4 Numerische Bestimmung des optimalen Entwurfs eines kurzen Kragträgers: Konstante rechteckige Querschnittsfläche

Die Zielfunktion, d. h. die Masse des Trägers, kann als Funktion der beiden Entwurfsvariablen $X_1 = a$ und $X_2 = b$ angegeben werden:

$$F(X_1, X_2) = m(X_1, X_2) = \varrho V = \varrho L X_1 X_2, \tag{6.35}$$

die unter den folgenden drei Ungleichheitsbedingungen zu minimieren ist (siehe Abb. 6.9), [1]:

$$g_1(X_1, X_2) = \frac{6 F_0 L}{X_1 X_2^2} - R_{p0,2} \leq 0 \quad \text{(Normalspannung)}, \tag{6.36}$$

Abb. 6.9 Optimaler Entwurf eines kurzen Kragträgers: $L = 846{,}67$ mm, $F_0 = 2667$ N, $E = 68.948$ MPa, $R_{p0,2} = 247$ MPa, $\varrho = 2{,}691 \times 10^{-6}$ kg/mm³, (ursprünglicher Satz von Gleichungen (6.35)–(6.38)). Exakte Lösung für das Minimum: $X_{1,\,\text{extr}} = 5{,}157$ mm, $X_{2,\,\text{extr}} = 103{,}135$ mm (gekennzeichnet durch den Marker •)

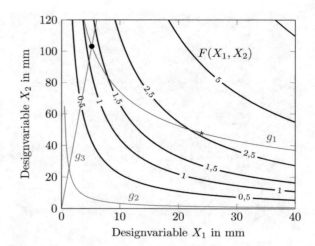

$$g_2(X_1, X_2) = \frac{3F_0}{2X_1X_2} - \frac{R_{p0,2}}{2} \leq 0 \qquad \text{(Schubspannung)}, \qquad (6.37)$$

$$g_3(X_1, X_2) = X_2 - 20X_1 \leq 0 \qquad \text{(Verhältnis Höhe/Breite)}. \qquad (6.38)$$

Bei der Auswertung von Abb. 6.9 lässt sich leicht feststellen, dass das Minimum unter den gegebenen Ungleichheitsbedingungen durch den Schnittpunkt der Kurven g_1 und g_3 gegeben ist. Eine einfache Berechnung zeigt die *analytische* Lösung als:

$$X_{1,\text{extr}} = 20^{-\frac{2}{3}} \times \left(\frac{6F_0L}{R_{p0,2}}\right)^{\frac{1}{3}} = 5{,}157 \text{ mm}, \qquad (6.39)$$

$$X_{2,\text{extr}} = 20 \times X_{1,\text{extr}} = 103{,}135 \text{ mm}. \qquad (6.40)$$

Das Ergebnis aus Problem 3.8, d. h. $a = 23{,}936$ und $2a = 47{,}872$, ist in Abb. 6.9 durch eine Markierung $\star$ gekennzeichnet. Für diese geometrischen Abmessungen ergibt sich eine Gesamtmasse von $F(a, 2a) = m(a, 2a) = 2{,}611$ kg, während die Optimierung für variable Breite und Höhe $F(X_{1,\text{extr}}, X_{2,\text{extr}}) = m(X_{1,\text{extr}}, X_{2,\text{extr}}) = 1{,}212$ kg ergibt.

Das folgende Listing 6.14 zeigt den gesamten wxMaxima-Code für die Bestimmung des Minimums der in Gl. (6.35) gegebenen Zielfunktion.

```
(% i19)    load("my_funs.mac")$

           fpprintprec:6$
           ratprint: false$
           eps : 1/1000

           L : 846.33$
           E : 68948$
           ro : 2.691e-6$
           R_p02 : 247$
           F_0 : 2667$

           func_obj(X) := ro*L*X[1]*X[2]$

           g[1](X) := (6*F_0*L)/(X[1]*(X[2]^2)) - R_p02$
           g[2](X) := (3*F_0)/(2*X[1]*X[2]) - R_p02/2$
           g[3](X) := X[2] - 20*X[1]$

           no_of_vars : 2$

           X_0 : [X[1]=1,X[2]=1]$
           alpha_0 : 1$
           r_p_0s : [0.5, 1, 10, 20]$
           gamma_value : 1$

           for r : 1 thru length(r_p_0s) do (
               print("=============="),
               print("For ", r_p = r_p_0s[r]),
               [X_new, pseudo_objective_fun_value] : Newton_multi_variable_constrained
                   (func_obj,no_of_vars,X_0,alpha_0,eps,r_p_0s[r], gamma_value,
                   "Kuhn_Tucker",false),
               print(X["1"] = rhs(X_new[1])),
               print(X["2"] = rhs(X_new[2])),
               printf(true, "The pseudo-objective function value at this point:
                   F = ~,6f", pseudo_objective_fun_value),
               X_0 : copy(X_new)
           )$

==============
For r_p=0.5
Converged after 55 iterations!
X[1]=5.15592
X[2]=103.122
The pseudo-objective function value at this point: F = 1.210924
==============
For r_p=1
Converged after 1 iterations!
X[1]=5.156
X[2]=103.122
The pseudo-objective function value at this point: F = 1.210930
```

Listing 6.14 Numerische Bestimmung des Minimums der Zielfunktion $F(X_1, X_2)$ und die Limitierung durch drei Ungleichheitsbedingungen (siehe Gln. (6.35)–(6.38))

```
==============
For r_p=10
Converged after 1 iterations!
X[1]=5.15606
X[2]=103.121
The pseudo-objective function value at this point: F = 1.210936
==============
For r_p=20
Converged after 1 iterations!
X[1]=5.15607
X[2]=103.121
The pseudo-objective function value at this point: F = 1.210936
```

Listing 6.14 (Fortsetzung)

5.5 Optimierung eines einseitig eingespannten Balkens mit zwei Abschnitten

Das Problem erfordert, dass sowohl die Verformungen als auch die Spannungs-verteilungen berechnet werden müssen. Diese Aufgabe kann durch eine „Handrech-nung" mit finiten Elementen gelöst werden. Eine einzelne Steifigkeitsmatrix eines Euler-Bernoulli-Balkenelements kann wie folgt angegeben werden, siehe [2, 3]:

$$
\boldsymbol{K}_i^{\mathrm{e}} = \frac{E_i I_i}{L_i^3}
\begin{bmatrix}
12 & -6L_i & -12 & -6L_i \\
-6L_i & 4L_i^2 & 6L_i & 2L_i^2 \\
-12 & 6L_i & 12 & 6L_i \\
-6L_i & 2L_i^2 & 6L_i & 4L_i^2
\end{bmatrix}.
\tag{6.41}
$$

Das Zusammensetzen der beiden elementaren Steifigkeitsmatrizen $\boldsymbol{K}_i^{\mathrm{e}}$ unter Berück-sichtigung von $E_{\mathrm{I}} = E_{\mathrm{II}} = E$, $L_{\mathrm{I}} = L_{\mathrm{II}} = \frac{L}{2}$, $I_{\mathrm{I}} = \frac{1}{12} ab_{\mathrm{I}}^3$ und $I_{\mathrm{II}} = \frac{1}{12} ab_{\mathrm{II}}^3$ führt zu dem folgenden globalen (reduzierten) Gleichungssystem:

$$
E
\begin{bmatrix}
\left(\dfrac{8ab_{\mathrm{II}}^3}{L^3} + \dfrac{8ab_{\mathrm{I}}^3}{L^3}\right) & \left(\dfrac{2ab_{\mathrm{I}}^3}{L^2} - \dfrac{2ab_{\mathrm{II}}^3}{L^2}\right) & -\dfrac{8ab_{\mathrm{II}}^3}{L^3} & -\dfrac{2ab_{\mathrm{II}}^3}{L^2} \\[3mm]
\left(\dfrac{2ab_{\mathrm{I}}^3}{L^2} - \dfrac{2ab_{\mathrm{II}}^3}{L^2}\right) & \left(\dfrac{2ab_{\mathrm{II}}^3}{3L} + \dfrac{2ab_{\mathrm{I}}^3}{3L}\right) & \dfrac{2ab_{\mathrm{II}}^3}{L^2} & \dfrac{ab_{\mathrm{II}}^3}{3L} \\[3mm]
-\dfrac{8ab_{\mathrm{II}}^3}{L^3} & \dfrac{2ab_{\mathrm{II}}^3}{L^2} & \dfrac{8ab_{\mathrm{II}}^3}{L^3} & \dfrac{2ab_{\mathrm{II}}^3}{L^2} \\[3mm]
-\dfrac{2ab_{\mathrm{II}}^3}{L^2} & \dfrac{ab_{\mathrm{II}}^3}{3L} & \dfrac{2ab_{\mathrm{II}}^3}{L^2} & \dfrac{2ab_{\mathrm{II}}^3}{3L}
\end{bmatrix}
\begin{bmatrix}
u_{2z} \\[3mm] \varphi_{2y} \\[3mm] u_{3z} \\[3mm] \varphi_{3y}
\end{bmatrix}
=
\begin{bmatrix}
0 \\[3mm] 0 \\[3mm] -F_0 \\[3mm] 0
\end{bmatrix}
\tag{6.42}
$$

Die letzte Gleichung berücksichtigt bereits, dass alle Freiheitsgrade am Knoten 1 gleich Null sind. Die Lösung des linearen Gleichungssystems kann beispielsweise durch Invertierung der globalen Steifigkeitsmatrix und Multiplikation mit der rechten Seite, d. h. $\boldsymbol{u} = \boldsymbol{K}^{-1}\boldsymbol{f}$, erhalten werden, um die Spaltenmatrix der Knotenunbekannten zu erhalten:

$$
\begin{bmatrix} u_{2z} \\[2mm] \varphi_{2y} \\[2mm] u_{3z} \\[2mm] \varphi_{3y} \end{bmatrix} = \begin{bmatrix} -\dfrac{5F_0 L^3}{4Eab_{\mathrm{I}}{}^3} \\[3mm] \dfrac{9F_0 L^2}{2Eab_{\mathrm{I}}{}^3} \\[3mm] -\dfrac{F_0 L^3 \left(7b_{\mathrm{II}}{}^3 + b_{\mathrm{I}}{}^3\right)}{2Eab_{\mathrm{I}}{}^3 b_{\mathrm{II}}{}^3} \\[3mm] \dfrac{3F_0 L^2 \left(3b_{\mathrm{II}}{}^3 + b_{\mathrm{I}}{}^3\right)}{2Eab_{\mathrm{I}} b_{\mathrm{II}}{}^3} \end{bmatrix}
\tag{6.43}
$$

Die Biegemoment- und Querkraftverteilungen innerhalb eines Elements können im Allgemeinen wie folgt ausgedrückt werden (der Index „1" bezieht sich auf den Anfangsknoten und der Index „2" auf den Endknoten):

$$
\begin{aligned}
M_y^{\mathrm{e}}(x) = EI_y \Bigg(&\left[+\frac{6}{L^2} - \frac{12x}{L^3}\right]u_{1z} + \left[-\frac{4}{L} + \frac{6x}{L^2}\right]\varphi_{1y} \\
&+ \left[-\frac{6}{L^2} + \frac{12x}{L^3}\right]u_{2z} + \left[-\frac{2}{L} + \frac{6x}{L^2}\right]\varphi_{2y} \Bigg),
\end{aligned}
\tag{6.44}
$$

$$
Q_z^{\mathrm{e}}(x) = EI_y \left(\left[-\frac{12}{L^3}\right]u_{1z} + \left[+\frac{6}{L^2}\right]\varphi_{1y} + \left[+\frac{12}{L^3}\right]u_{2z} + \left[+\frac{6}{L^2}\right]\varphi_{2y} \right).
\tag{6.45}
$$

Die Verteilungen der Normal- und Schubspannungen lassen sich daher allgemein wie folgt berechnen

$$
\sigma_x^{\mathrm{e}}(x, z) = \frac{M_y^{\mathrm{e}}(x)}{I_y} \times z,
\tag{6.46}
$$

$$
\tau_{xz}^{\mathrm{e}}(x, z) = \frac{Q_z^{\mathrm{e}}(x)}{2I_y} \left[\left(\frac{b}{2}\right)^2 - z^2\right].
\tag{6.47}
$$

Die Knotenwerte der inneren Reaktionen zur Berechnung der Normal- und Schubspannungen sind in Tab. 6.6 zusammengefasst. Dabei ist zu beachten, dass diese Knotenwerte, die auf dem Finite-Elemente-Ansatz basieren, in diesem Fall gleich der analytischen Lösung sind.

Aus Tab. 6.6 lässt sich schließen, dass die maximale Normalspannung in jedem Element am linken Knoten erreicht wird und dass die Schubspannung in jedem

Tab. 6.6 Knotenwerte der inneren Reaktionen Biegemoment (M_y) und Querkraft (Q_z) an jedem Knoten

	Element I		Element II	
	Linker Knoten	Rechter Knoten	Linker Knoten	Rechter Knoten
M_y	F_0L	$\frac{F_0L}{2}$	$\frac{F_0L}{2}$	0
Q_z	$-F_0$	$-F_0$	$-F_0$	$-F_0$

Element konstant ist. Somit können die kritischen Spannungen in jedem Element wie folgt angegeben werden:

$$\sigma_{x,\mathrm{I}} = \frac{6F_0L}{ab_{\mathrm{I}}^2}, \tag{6.48}$$

$$\sigma_{x,\mathrm{II}} = \frac{3F_0L}{ab_{\mathrm{II}}^2}, \tag{6.49}$$

oder für die Schubspannungen:

$$\tau_{xz,\mathrm{I}} = -\frac{3F_0}{2ab_{\mathrm{I}}}, \tag{6.50}$$

$$\tau_{xz,\mathrm{II}} = -\frac{3F_0}{2ab_{\mathrm{II}}}. \tag{6.51}$$

Die Zielfunktion, d. h. die Masse des Stufenträgers, kann als Funktion der beiden Entwurfsvariablen $b_{\mathrm{I}} = X_1$ und $b_{\mathrm{II}} = X_2$ angegeben werden:

$$F(X_1, X_2) = \varrho L_{\mathrm{I}} a X_1 + \varrho L_{\mathrm{II}} a X_2 = \frac{\varrho L a}{2}(X_1 + X_2), \tag{6.52}$$

die unter den folgenden sieben Ungleichheitsbedingungen zu minimieren ist:

$$g_1(X_1, X_2) = +\frac{F_0L^3\left(X_1^3 + 7X_2^3\right)}{2EaX_1^3X_2^3 r_1 L} - 1 \le 0 \quad (\max.\text{Verschiebung}), \tag{6.53}$$

$$g_2(X_1, X_2) = \frac{6F_0L}{aX_1^2} - R_{p0,2} \le 0 \quad (\text{Normalspannung in I}), \tag{6.54}$$

$$g_3(X_1, X_2) = \frac{3F_0L}{aX_2^2} - R_{p0,2} \le 0 \quad (\text{Normalspannung in II}), \tag{6.55}$$

$$g_4(X_1, X_2) = \frac{3F_0}{2aX_1} - \frac{R_{p0,2}}{2} \le 0 \quad (\text{Schubspannung in I}), \tag{6.56}$$

$$g_5(X_1, X_2) = \frac{3F_0}{2aX_2} - \frac{R_{p0,2}}{2} \leq 0 \quad \text{(Schubspannung in II)}, \tag{6.57}$$

$$g_6(X_1, X_2) = X_1 - 20a \leq 0 \quad \text{(Verhältnis Höhe/Breite in I)}, \tag{6.58}$$

$$g_7(X_1, X_2) = X_2 - 20a \leq 0 \quad \text{(Verhältnis Höhe/Breite in II)}. \tag{6.59}$$

Die grafische Darstellung der Zielfunktion und der Ungleichheitsbedingungen im Designraum X_1–X_2 ist in den Abb. 6.10 und 6.11 zu sehen.

Aus den Abb. 6.10 und 6.11 lässt sich schließen, dass die Berücksichtigung von g_1, g_2 und g_3 ausreichend sein könnte, wenn ein angemessener Bereich der Entwurfsvariablen (und entsprechende Startwerte für die Iterationen) berücksichtigt wird. Darüber hinaus zeigt Abb. 6.10, dass das Minimum für den Fall erreicht wird, dass g_1 tangential zur Zielfunktion F ist. Um einen analytischen Ausdruck für das Minimum abzuleiten, muss berücksichtigt werden, dass die Darstellungen der Zielfunktion F in einer Darstellung $X_2(X_1) = \frac{2c}{\varrho La} - X_1$ Geraden mit einer Steigung von -1 sind. Die Bedingung für das Minimum ist also, dass die Funktion g_1 eine Steigung von -1 erreicht. Auf der Grundlage von Gl. (6.54) können wir den Ausdruck von g_1 umformulieren als:

$$X_2 = \left(-\frac{F_0 L^3 X_1^3}{7F_0 L^3 - 2Ear_1 LX_1^3} \right)^{\frac{1}{3}}, \tag{6.60}$$

woraus sich nach einer kurzen Berechnung die Ableitung wie folgt ergibt:

$$\frac{dX_2}{dX_1}\bigg|_{g_1} = \frac{-7F_0^{\frac{4}{3}} L^{\frac{8}{3}}}{\left(7F_0 L^2 - 2Ear_1 X_1^3 \right)^{\frac{4}{3}}} \overset{!}{=} -1. \tag{6.61}$$

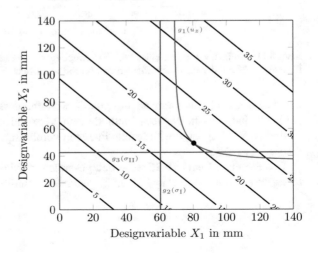

Abb. 6.10 Optimaler Entwurf eines gestuften Kragträgers mit zwei Abschnitten: $L = 2540$ mm, $a = 45{,}16$ mm, $r_1 = 0{,}06$, $F_0 = 2667$ N, $E = 68.948$ MPa, $R_{p0,2} = 247$ MPa, $\varrho = 2{,}691 \times 10^{-6}$ kg/mm³, (ursprünglicher Satz von Gleichungen (6.52)–(6.59)). Exakte Lösung für das Minimum: $X_{1,\text{ extr}} = 80{,}442$ mm, $X_{2,\text{ extr}} = 49{,}455$ mm (gekennzeichnet durch den Marker •)

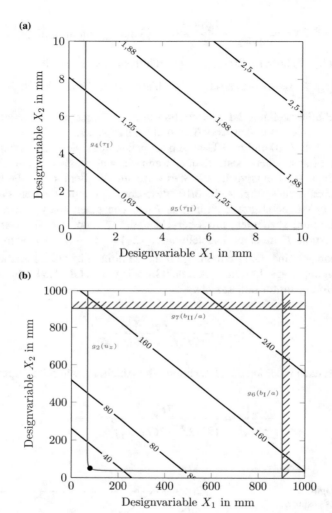

Abb. 6.11 Optimaler Entwurf eines gestuften Kragträgers mit zwei Abschnitten: **a** Vergrößerung für kleinere Werte der Entwurfsvariablen und **b** größere Ansicht

Die letzte Gleichung kann so umgestellt werden, dass sie auf einer Seite eine Nullstelle hat, und die Newton-Methode kann verwendet werden, um die Nullstelle zu finden. Wichtig ist, die Nullstelle in einem vernünftigen Bereich zu suchen, z. B. $70 \leq X_{1,\,\text{extr}} \leq 85$.

Das folgende Listing 6.15 zeigt den gesamten wxMaxima-Code für die Bestimmung des Minimums der in Gl. (6.52) gegebenen Zielfunktion.

```
(% i39)   load("my_funs.mac")$

          fpprintprec:6$
          ratprint: false$
          eps : 1/1000$

          L : 2540$
          L1 : L/2$
          L2 : L/2$
          E : 68948$
          ro : 2.691e-6$
          R_p02 : 247$
          F_0 : 2667$
          r_1 : 0.06$
          a : 45.16$

          I1 : (1/12)*a*X[1]^3$
          I2 : (1/12)*a*X[2]^3$

          u1z : 0$
          phi1y : 0$
          u2z : -5F_0*L^3/(4*E*a*X[1]^3)$
          phi2y : 9*F_0*L^2/(2*E*a*X[1]^3)$
          u3z : -F_0*L^3*(7*X[2]^3+X[1]^3)/(2*E*a*X[1]^3*X[2]^3)$
          phi3y : 3*F_0*L^2*(3*X[2]^3+X[1]^3)/(2*E*a*X[1]^3*X[2]^3)$

          func_obj(X) :=ro*L1*a*X[1] + ro*L2*a*X[2]$

          /* Normal Stress - Sig(x,(b/2)) */
          M_y : E*Ii*(((6/Li^2)-(12*x/Li^3))*uLz + ((-4/Li)+6*x/Li^2)*phiLy
               + ((-6/Li^2)+12*x/Li^3)*uRz + ((-2/Li)+6*x/Li^2)*phiRy)$
          Sig : M_y*(b/2)/Ii$

          /* Shear Stress - Tau(x,0) */
          Q_z : E*Ii*((-12/Li^3)*uLz + (6/Li^2)*phiLy + (12/Li^3)*uRz + (6/Li^2)*phiRy)$
          Tau : Q_z*(b/2)^2/(2*Ii)$

          /* Element 1 */
          g[1](X) := at(Sig - R_p02, [x=0, Li=L1, Ii=I1, uLz=u1z, phiLy=phi1y, uRz=u2z,
               phiRy=phi2y, b=X[1]])$
          g[2](X) := at(Tau - R_p02, [x=0, Li=L1, Ii=I1, uLz=u1z, phiLy=phi1y,
               uRz=u2z, phiRy=phi2y, b=X[1]])$
          g[3](X) := X[1] - 20*a$

          /* Element 2 */
          g[4](X) := at(Sig - R_p02, [x=0, Li=L2, Ii=I2, uLz=u2z, phiLy=phi2y, uRz=u3z,
               phiRy=phi3y, b=X[2]])$
          g[5](X) := at(Tau - R_p02, [x=0, Li=L2, Ii=I2, uLz=u2z, phiLy=phi2y,
               uRz=u3z, phiRy=phi3y, b=X[2]])$
          g[6](X) := X[2] - 20*a$
          g[7](X) := -u3z - r_1*L$
```

Listing 6.15 Numerische Bestimmung des Minimums der Zielfunktion $F(X_1, X_2)$ und die Limitierung durch sieben Ungleichheitsbedingungen (siehe Gln. (6.52)–(6.59))

```
            no_of_vars : 2$

            X_0 : [X[1]=50,X[2]=50]$
            alpha_0 : 1$
            r_p_0s : [0.05, 0.5, 1, 10, 20, 50, 100]$

            gamma_value : 1$

            for r : 1 thru length(r_p_0s) do (
                print("==============="),
                print("For ", r_p = r_p_0s[r]),
                [X_new, pseudo_objective_fun_value] :
                Newton_multi_variable_constrained(func_obj,no_of_vars,X_0,alpha_0,eps,
                    r_p_0s[r], gamma_value,"Kuhn_Tucker",true),
                print(X["1"] = rhs(X_new[1])),
                print(X["2"] = rhs(X_new[2])),
                printf(true, "The pseudo-objective function value at this point:
                 F = ~,6f", pseudo_objective_fun_value),
                X_0 : copy(X_new)
            )$
```

```
==============
For r_p=0.05
i=1 X=[X[1]=71.5176,X[2]=72.2764] func(X)=22.2047
i=2 X=[X[1]=71.5464,X[2]=72.066] func(X)=22.1767
i=3 X=[X[1]=72.6876,X[2]=63.8444] func(X)=21.3813
i=4 X=[X[1]=74.8048,X[2]=57.2578] func(X)=20.658
i=5 X=[X[1]=78.4958,X[2]=51.3616] func(X)=20.0889
i=6 X=[X[1]=80.1703,X[2]=49.554] func(X)=20.0402
i=7 X=[X[1]=80.3184,X[2]=49.4539] func(X)=20.0384
i=8 X=[X[1]=80.3652,X[2]=49.4075] func(X)=20.0383
Converged after 8 iterations!
X[1]=80.3652
X[2]=49.4075
The pseudo-objective function value at this point: F = 20.038342
==============
For r_p=0.5
i=1 X=[X[1]=80.4343,X[2]=49.4499] func(X)=20.047
Converged after 1 iterations!
X[1]=80.4343
X[2]=49.4499
The pseudo-objective function value at this point: F = 20.046958
==============
For r_p=1
i=1 X=[X[1]=80.4381,X[2]=49.4523] func(X)=20.0474
Converged after 1 iterations!
X[1]=80.4381
X[2]=49.4523
The pseudo-objective function value at this point: F = 20.047439
```

Listing 6.15 (Fortsetzung)

```
==============
For r_p=10
i=1 X=[X[1]=80.4416,X[2]=49.4545] func(X)=20.0479
Converged after 1 iterations!
X[1]=80.4416
X[2]=49.4545
The pseudo-objective function value at this point: F = 20.047871
==============
For r_p=20
i=1 X=[X[1]=80.4417,X[2]=49.4546] func(X)=20.0479
Converged after 1 iterations!
X[1]=80.4417
X[2]=49.4546
The pseudo-objective function value at this point: F = 20.047895
==============
For r_p=50
i=1 X=[X[1]=80.4418,X[2]=49.4547] func(X)=20.0479
Converged after 1 iterations!
X[1]=80.4418
X[2]=49.4547
The pseudo-objective function value at this point: F = 20.047910
==============
For r_p=100
i=1 X=[X[1]=80.4419,X[2]=49.4547] func(X)=20.0479
Converged after 1 iterations!
X[1]=80.4419
X[2]=49.4547
The pseudo-objective function value at this point: F = 20.047914
```

Listing 6.15 (Fortsetzung)

5.6 Optimierung eines gestuften, gelenkig gelagerten Trägers mit drei Abschnitten

Das Problem erfordert, dass sowohl die Verformungen als auch die Spannungsverteilungen berechnet werden müssen. Diese Aufgabe kann durch eine „Handrechnung" mit finiten Elementen gelöst werden. Eine einzelne Steifigkeitsmatrix eines Euler-Bernoulli-Balkenelements kann wie folgt angegeben werden, siehe [2, 3]:

$$
K_i^e = \frac{E_i I_i}{L_i^3} \begin{bmatrix} 12 & -6L_i & -12 & -6L_i \\ -6L_i & 4L_i^2 & 6L_i & 2L_i^2 \\ -12 & 6L_i & 12 & 6L_i \\ -6L_i & 2L_i^2 & 6L_i & 4L_i^2 \end{bmatrix}. \tag{6.62}
$$

Bei diesem speziellen Problem kann die Symmetrie in Bezug auf die Geometrie und die Belastung berücksichtigt werden. Das in Abb. 6.12 gezeigte reduzierte System ermöglicht somit eine schnellere Simulation als die gesamte Struktur.

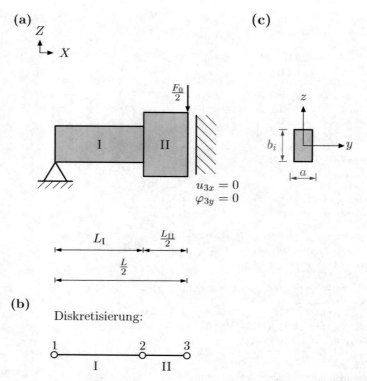

Abb. 6.12 Gelenkig gelagerter Träger mit drei Querschnitten unter Berücksichtigung der Symmetrie: **a** allgemeine Konfiguration, **b** Diskretisierung und **c** Querschnitt von Element i

Das Zusammensetzen der beiden elementaren Steifigkeitsmatrizen $\boldsymbol{K}_i^e$ unter Berücksichtigung von $E_{\mathrm{I}} = E_{\mathrm{II}} = E$, $L_{\mathrm{I}} = L_{\mathrm{II}} = \frac{L}{3}$, $I_{\mathrm{I}} = \frac{1}{12}ab_{\mathrm{I}}^3$ und $I_{\mathrm{II}} = \frac{1}{12}ab_{\mathrm{II}}^3$ führt zu dem folgenden globalen (reduzierten) Gleichungssystem:

$$
E\begin{bmatrix}
\dfrac{ab_{\mathrm{I}}^3}{L} & \dfrac{9ab_{\mathrm{I}}^3}{2L^2} & \dfrac{ab_{\mathrm{I}}^3}{2L} & 0 \\[3mm]
\dfrac{9ab_{\mathrm{I}}^3}{2L^2} & \left(\dfrac{216ab_{\mathrm{II}}^3}{L^3}+\dfrac{27ab_{\mathrm{I}}^3}{L^3}\right) & \left(\dfrac{9ab_{\mathrm{I}}^3}{2L^2}-\dfrac{18ab_{\mathrm{II}}^3}{L^2}\right) & -\dfrac{216ab_{\mathrm{II}}^3}{L^3} \\[3mm]
\dfrac{ab_{\mathrm{I}}^3}{2L} & \left(\dfrac{9ab_{\mathrm{I}}^3}{2L^2}-\dfrac{18ab_{\mathrm{II}}^3}{L^2}\right) & \left(\dfrac{2ab_{\mathrm{II}}^3}{L}+\dfrac{ab_{\mathrm{I}}^3}{L}\right) & \dfrac{18ab_{\mathrm{II}}^3}{L^2} \\[3mm]
0 & -\dfrac{216ab_{\mathrm{II}}^3}{L^3} & \dfrac{18ab_{\mathrm{II}}^3}{L^2} & \dfrac{216ab_{\mathrm{II}}^3}{L^3}
\end{bmatrix}
\begin{bmatrix}
\varphi_{1y} \\[3mm] u_{2z} \\[3mm] \varphi_{2y} \\[3mm] u_{3z}
\end{bmatrix}
=
\begin{bmatrix}
0 \\[3mm] 0 \\[3mm] 0 \\[3mm] -\dfrac{F_0}{2}
\end{bmatrix}
$$

$$(6.63)$$

Die letzte Gleichung berücksichtigt bereits, dass der translatorische Freiheitsgrad am Knoten 1 gleich Null ist, während der rotatorische Freiheitsgrad am Knoten 3 gleich Null ist. Die Lösung des linearen Gleichungssystems kann beispielsweise durch Invertierung der globalen Steifigkeitsmatrix und Multiplikation mit der rechten Seite, d. h. $u = K^{-1}f$, erhalten werden, um die Spaltenmatrix der Knotenunbekannten zu erhalten:

$$
\begin{bmatrix} \varphi_{1y} \\ \\ u_{2z} \\ \\ \varphi_{2y} \\ \\ u_{3z} \end{bmatrix} = \begin{bmatrix} \dfrac{F_0 L^2 \left(4b_{\mathrm{II}}^3 + 5b_{\mathrm{I}}^3\right)}{12Eab_{\mathrm{I}}^3 b_{\mathrm{II}}^3} \\ -\dfrac{F_0 L^3 \left(8b_{\mathrm{II}}^3 + 15b_{\mathrm{I}}^3\right)}{108Eab_{\mathrm{I}}^3 b_{\mathrm{II}}^3} \\ \dfrac{5F_0 L^2}{12Eab_{\mathrm{H}}^3} \\ -\dfrac{F_0 L^3 \left(8b_{\mathrm{II}}^3 + 19b_{\mathrm{I}}^3\right)}{108Eab_{\mathrm{I}}^3 b_{\mathrm{II}}^3} \end{bmatrix}
\tag{6.64}
$$

Die Biegemoment- und Querkraftverteilungen innerhalb eines Elements können im Allgemeinen wie folgt ausgedrückt werden (der Index „1" bezieht sich auf den Anfangsknoten und der Index „2" auf den Endknoten):

$$
\begin{aligned}
M_y^{\mathrm{e}}(x) = EI_y &\left(\left[+\frac{6}{L^2} - \frac{12x}{L^3} \right] u_{1z} + \left[-\frac{4}{L} + \frac{6x}{L^2} \right] \varphi_{1y} \right. \\
&\left. + \left[-\frac{6}{L^2} + \frac{12x}{L^3} \right] u_{2z} + \left[-\frac{2}{L} + \frac{6x}{L^2} \right] \varphi_{2y} \right),
\end{aligned}
\tag{6.65}
$$

$$
Q_z^{\mathrm{e}}(x) = EI_y \left(\left[-\frac{12}{L^3} \right] u_{1z} + \left[+\frac{6}{L^2} \right] \varphi_{1y} + \left[+\frac{12}{L^3} \right] u_{2z} + \left[+\frac{6}{L^2} \right] \varphi_{2y} \right).
\tag{6.66}
$$

Die Verteilungen der Normal- und Schubspannungen lassen sich daher allgemein wie folgt berechnen

$$
\sigma_x^{\mathrm{e}}(x, z) = \frac{M_y^{\mathrm{e}}(x)}{I_y} \times z,
\tag{6.67}
$$

$$
\tau_{xz}^{\mathrm{e}}(x, z) = \frac{Q_z^{\mathrm{e}}(x)}{2I_y} \left[\left(\frac{b}{2} \right)^2 - z^2 \right].
\tag{6.68}
$$

Die Knotenwerte der inneren Reaktionen zur Berechnung der Normal- und Scherspannungen sind in Tab. 6.7 zusammengefasst. Dabei ist zu beachten, dass diese Knotenwerte, die auf dem Finite-Elemente-Ansatz basieren, in diesem Fall gleich der analytischen Lösung sind.

Tab. 6.7 Knotenwerte der inneren Reaktionen Biegemoment (M_y) und Querkraft (Q_z) an jedem Knoten

	Element I		Element II	
	Linker Knoten	Rechter Knoten	Linker Knoten	Rechter Knoten
M_y	0	$-\frac{F_0 L}{6}$	$-\frac{F_0 L}{6}$	$-\frac{F_0 L}{4}$
Q_z	$-\frac{F_0}{2}$	$-\frac{F_0}{2}$	$-\frac{F_0}{2}$	$-\frac{F_0}{2}$

Aus Tab. 6.7 lässt sich schließen, dass die maximale Normalspannung in jedem Element am rechten Knoten erreicht wird und dass die Schubspannung in jedem Element konstant ist. Somit können die kritischen Spannungen in jedem Element wie folgt angegeben werden:

$$\sigma_{x,\mathrm{I}} = -\frac{F_0 L}{ab_\mathrm{I}^2}, \tag{6.69}$$

$$\sigma_{x,\mathrm{II}} = -\frac{3F_0 L}{2ab_\mathrm{II}^2}, \tag{6.70}$$

oder für die Schubspannungen:

$$\tau_{xz,\mathrm{I}} = -\frac{3F_0}{4ab_\mathrm{I}}, \tag{6.71}$$

$$\tau_{xz,\mathrm{II}} = -\frac{3F_0}{4ab_\mathrm{II}}. \tag{6.72}$$

Die Zielfunktion, d. h. die Masse des Stufenträgers, kann als Funktion der beiden Entwurfsvariablen $b_\mathrm{I} = X_1$ und $b_\mathrm{II} = X_2$ angegeben werden:

$$F(X_1, X_2) = \varrho L_\mathrm{I} a X_1 + \varrho L_\mathrm{II} a X_2 = \varrho La\left(\frac{X_1}{3} + \frac{X_2}{6}\right), \tag{6.73}$$

die unter den folgenden sieben Ungleichheitsbedingungen zu minimieren ist:

$$g_1(X_1, X_2) = +\frac{F_0 L^3 \left(19 X_1^3 + 8 X_2^3\right)}{108 Ea X_1^3 X_2^3 r_1 L} - 1 \leq 0 \quad (\text{max. Verschiebung}), \tag{6.74}$$

$$g_2(X_1, X_2) = \frac{F_0 L}{a X_1^2} - R_{\mathrm{p0,2}} \leq 0 \quad (\text{Normalspannung in I}), \tag{6.75}$$

$$g_3(X_1, X_2) = \frac{3F_0 L}{2a X_2^2} - R_{\mathrm{p0,2}} \leq 0 \quad (\text{Normalspannung in II}), \tag{6.76}$$

$$g_4(X_1, X_2) = \frac{3F_0}{4a X_1} - \frac{R_{\mathrm{p0,2}}}{2} \leq 0 \quad (\text{Schubspannung in I}), \tag{6.77}$$

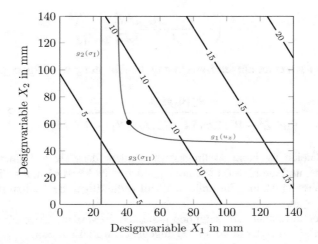

Abb. 6.13 Optimaler Entwurf eines gelenkig gelagerten Trägers mit drei Querschnitten (Berücksichtigung der Symmetrie): $L = 2540$ mm, $a = 45{,}16$ mm, $r_1 = 0{,}01$, $F_0 = 2667$ N, $E = 68.948$ MPa, $R_{\mathrm{p0,2}} = 247$ MPa, $\varrho = 2{,}691 \times 10^{-6}$ kg/mm^3, (ursprünglicher Satz von Gleichungen (6.73)–(6.80)). Exakte Lösung für das Minimum: $X_{1,\,\mathrm{extr}} = 41{,}437$ mm, $X_{2,\,\mathrm{extr}} = 61{,}173$ mm (gekennzeichnet durch den Marker •)

$$g_5(X_1, X_2) = \frac{3F_0}{4aX_2} - \frac{R_{\mathrm{p0,2}}}{2} \leq 0 \qquad \text{(Schubspannung in II)}, \qquad (6.78)$$

$$g_6(X_1, X_2) = X_1 - 20a \leq 0 \qquad \text{(Verhältnis Höhe/Breite in I)}, \qquad (6.79)$$

$$g_7(X_1, X_2) = X_2 - 20a \leq 0 \qquad \text{(Verhältnis Höhe/Breite in II)}. \qquad (6.80)$$

Die grafische Darstellung der Zielfunktion sowie der Ungleichheitsbedingungen (g_1, g_2, g_3) im Designraum X_1–X_2 ist in Abb. 6.13 zu sehen.

Aus Abb. 6.13 lässt sich schließen, dass die Berücksichtigung von g_1, g_2 und g_3 ausreichend sein könnte, wenn ein angemessener Bereich der Entwurfsvariablen (und entsprechende Startwerte für die Iterationen) berücksichtigt wird. Darüber hinaus zeigt Abb. 6.13, dass das Minimum für den Fall erreicht wird, dass g_1 tangential zur Zielfunktion F ist. Um einen analytischen Ausdruck für das Minimum abzuleiten, muss berücksichtigt werden, dass die Darstellungen der Zielfunktion F in einer Darstellung $X_2(X_1) = \frac{6c}{\varrho La} - 2X_1$ Geraden mit einer Steigung von -2 sind. Die Bedingung für das Minimum ist also, dass die Funktion g_1 eine Steigung von -2 erreicht. Auf der Grundlage von Gl. (6.74) können wir den Ausdruck von g_1 umformulieren als:

$$X_2 = \left(-\frac{19F_0L^3X_1^3}{8F_0L^3 - 108Ear_1LX_1^3} \right)^{\frac{1}{3}},\tag{6.81}$$

woraus sich nach einer kurzen Berechnung die Ableitung wie folgt ergibt:

$$\left.\frac{\mathrm{d}X_2}{\mathrm{d}X_1}\right|_{g_1} = \frac{219^{\frac{1}{3}}F^{\frac{4}{3}}L^{\frac{8}{3}}}{\left(8F\ L^2 - 108Ear_1X_1^3\right)^{\frac{1}{3}}\left(27Ear_1X_1^3 - 2F\ L^2\right)} \overset{!}{=} -2.\tag{6.82}$$

Die letzte Gleichung kann so umgestellt werden, dass sie auf einer Seite eine Nullstelle hat, und die Newton-Methode kann verwendet werden, um die Nullstelle zu finden. Wichtig ist, die Nullstelle in einem vernünftigen Bereich zu suchen, z. B. $40 \leq X_{1,\ \mathrm{extr}} \leq 60$.

Das folgende Listing 6.16 zeigt den gesamten wxMaxima-Code für die Bestimmung des Minimums der in Gl. (6.73) angegebenen Zielfunktion.

```
(% i39)    load("my_funs.mac")$

           fpprintprec:6$
           ratprint: false$
           eps : 1/1000$

           L : 2540$
           L1 : L/3$
           L2 : L/3$
           E : 68948$
           ro : 2.691e-6$
           R_p02 : 247$
           F_0 : 2667$
           r_1 : 0.01$
           a : 45.16$

           I1 : (1/12)*a*X[1]^3$
           I2 : (1/12)*a*X[2]^3$

           u1z : 0$
           phi1y : F_0*L^2*(4*X[2]^3+5*X[1]^3)/(12*E*a*X[1]^3*X[2]^3)$
           u2z : -F_0*L^3*(8*X[2]^3+15*X[1]^3)/(108*E*a*X[1]^3*X[2]^3)$
           phi2y : 5*F_0*L^2/(12*E*a*X[2]^3)$
           u3z : -F_0*L^3*(8*X[2]^3+19*X[1]^3)/(108*E*a*X[1]^3*X[2]^3)$
           phi3y : 0$

           func_obj(X) := ro*L1*a*X[1] + ro*L2*a*X[2]$

           /* Normal Stress - Sig(x,(b/2)) */
           M_y : E*Ii*(((6/Li^2)-(12*x/Li^3))*uLz + ((-4/Li)+6*x/Li^2)*phiLy +
                 ((-6/Li^2)+12*x/Li^3)*uRz + ((-2/Li)+6*x/Li^2)*phiRy)$
           Sig : M_y*(b/2)/Ii$

           /* Shear Stress - Tau(x,0) */
           Q_z : E*Ii*((-12/Li^3)*uLz + (6/Li^2)*phiLy + (12/Li^3)*uRz + (6/Li^2)*phiRy)$
           Tau : Q_z*(b/2)^2/(2*Ii)$

           /* Element 1 */
           g[1](X) := at(Sig - R_p02, [x=L1, Li=L1, Ii=I1, uLz=u1z, phiLy=phi1y,
                   uRz=u2z, phiRy=phi2y, b=X[1]])$
           g[2](X) := at(Tau - R_p02, [x=L1, Li=L1, Ii=I1, uLz=u1z, phiLy=phi1y,

           /* Element 2 */
           g[4](X) := at(Sig - R_p02, [x=L2, Li=L2, Ii=I2, uLz=u2z, phiLy=phi2y,
                   uRz=u3z, phiRy=phi3y, b=X[2]])$
           g[5](X) := at(Tau - R_p02, [x=L2, Li=L2, Ii=I2, uLz=u2z, phiLy=phi2y,
                   uRz=u3z, phiRy=phi3y, b=X[2]])$
           g[6](X) := X[2] - 20*a$
           g[7](X) := -u3z - r_1*L$
```

Listing 6.16 Numerische Bestimmung des Minimums der Zielfunktion $F(X_1, X_2)$ und die Limitierung durch sieben Ungleichheitsbedingungen (siehe Gln. (6.73)–(6.80))

```
/* Solution */
no_of_vars : 2$

X_0 : [X[1]=50,X[2]=50]$
alpha_0 : 1$
gamma_value : 1$
r_p_0s : [0.05, 0.5, 1, 10, 20, 50, 100]$

for r : 1 thru length(r_p_0s) do (
    print("=============="),
    print("For ", r_p = r_p_0s[r]),
    [X_new, pseudo_objective_fun_value] :
    Newton_multi_variable_constrained(func_obj,no_of_vars,X_0,alpha_0,eps,
        r_p_0s[r], gamma_value,"Kuhn_Tucker",true),
    print(X["1"] = rhs(X_new[1])),
    print(X["2"] = rhs(X_new[2])),
    printf(true, "The pseudo-objective function value at this point:
      F = ~,6f", pseudo_objective_fun_value),
    X_0 : copy(X_new)
)$
```

==============
For r_p=0.05
i=1 X=[X[1]=43.4635,X[2]=54.6909] func(X)=7.56368
i=2 X=[X[1]=42.3068,X[2]=58.5801] func(X)=7.38557
i=3 X=[X[1]=40.9799,X[2]=60.3152] func(X)=7.36569
i=4 X=[X[1]=40.9461,X[2]=60.4447] func(X)=7.36559
Converged after 4 iterations!
X[1]=40.9461
X[2]=60.4447
The pseudo-objective function value at this point: F = 7.365593
==============
For r_p=0.5
i=1 X=[X[1]=41.3855,X[2]=61.0938] func(X)=7.40594
Converged after 1 iterations!
X[1]=41.3855
X[2]=61.0938
The pseudo-objective function value at this point: F = 7.405941
==============
For r_p=1
i=1 X=[X[1]=41.4113,X[2]=61.1335] func(X)=7.40829
Converged after 1 iterations!
X[1]=41.4113
X[2]=61.1335
The pseudo-objective function value at this point: F = 7.408288

Listing 6.16 (Fortsetzung)

```
===============
For r_p=10
i=1 X=[X[1]=41.4349,X[2]=61.1686] func(X)=7.41041
Converged after 1 iterations!
X[1]=41.4349
X[2]=61.1686
The pseudo-objective function value at this point: F = 7.410410
===============
For r_p=20
i=1 X=[X[1]=41.436,X[2]=61.171] func(X)=7.41053
Converged after 1 iterations!
X[1]=41.436
X[2]=61.171
The pseudo-objective function value at this point: F = 7.410528
===============
For r_p=50
i=1 X=[X[1]=41.4367,X[2]=61.1724] func(X)=7.4106
Converged after 1 iterations!
X[1]=41.4367
X[2]=61.1724
The pseudo-objective function value at this point: F = 7.410599
===============
For r_p=100
i=1 X=[X[1]=41.4369,X[2]=61.1729] func(X)=7.41062
Converged after 1 iterations!
X[1]=41.4369
X[2]=61.1729
The pseudo-objective function value at this point: F = 7.410623
```

Listing 6.16 (Fortsetzung)

5.7 Optimierung eines gestuften Kragträgers mit drei Abschnitten

Eine einzelne Steifigkeitsmatrix eines Euler-Bernoulli-Balkenelements kann wie folgt angegeben werden, siehe [2, 3]:

$$
K_i^e = \frac{E_i I_i}{L_i^3}
\begin{bmatrix}
12 & -6L_i & -12 & -6L_i \\
-6L_i & 4L_i^2 & 6L_i & 2L_i^2 \\
-12 & 6L_i & 12 & 6L_i \\
-6L_i & 2L_i^2 & 6L_i & 4L_i^2
\end{bmatrix}.
\tag{6.83}
$$

Die Zusammenstellung der drei elementaren Steifigkeitsmatrizen K_i^e unter Berücksichtigung von $E_I = E_{II} = E_{III} = E$ und $L_I = L_{II} = L_{III} = \frac{L}{3}$ ergibt die folgende globale Steifigkeitsmatrix:

$$K = E \begin{bmatrix} \dfrac{324I_{\text{II}}}{L^3} + \dfrac{324I_{\text{I}}}{L^3} & \dfrac{54I_{\text{I}}}{L^2} - \dfrac{54I_{\text{II}}}{L^2} & -\dfrac{324I_{\text{II}}}{L^3} & -\dfrac{54I_{\text{II}}}{L^2} & 0 & 0 \\[2mm] \dfrac{54I_{\text{I}}}{L^2} - \dfrac{54I_{\text{II}}}{L^2} & \dfrac{12I_{\text{II}}}{L} + \dfrac{12I_{\text{I}}}{L} & \dfrac{54I_{\text{II}}}{L^2} & \dfrac{6I_{\text{II}}}{L} & 0 & 0 \\[2mm] -\dfrac{324I_{\text{II}}}{L^3} & \dfrac{54I_{\text{II}}}{L^2} & \dfrac{324I_{\text{III}}}{L^3} + \dfrac{324I_{\text{II}}}{L^3} & \dfrac{54I_{\text{II}}}{L^2} - \dfrac{54I_{\text{III}}}{L^2} & -\dfrac{324I_{\text{III}}}{L^3} & -\dfrac{54I_{\text{III}}}{L^2} \\[2mm] -\dfrac{54I_{\text{II}}}{L^2} & \dfrac{6I_{\text{II}}}{L} & \dfrac{54I_{\text{II}}}{L^2} - \dfrac{54I_{\text{III}}}{L^2} & \dfrac{12I_{\text{III}}}{L} + \dfrac{12I_{\text{II}}}{L} & \dfrac{54I_{\text{III}}}{L^2} & \dfrac{6I_{\text{III}}}{L} \\[2mm] 0 & 0 & -\dfrac{324I_{\text{III}}}{L^3} & \dfrac{54I_{\text{III}}}{L^2} & \dfrac{324I_{\text{III}}}{L^3} & \dfrac{54I_{\text{III}}}{L^2} \\[2mm] 0 & 0 & -\dfrac{54I_{\text{III}}}{L^2} & \dfrac{6I_{\text{III}}}{L} & \dfrac{54I_{\text{III}}}{L^2} & \dfrac{12I_{\text{III}}}{L} \end{bmatrix}.$$

$$(6.84)$$

Die letzte Gleichung berücksichtigt bereits, dass alle Freiheitsgrade am Knoten 1 gleich Null sind. Die Lösung des linearen Gleichungssystems kann beispielsweise durch Invertierung der globalen Steifigkeitsmatrix und Multiplikation mit der rechten Seite, d. h. $\boldsymbol{u} = \boldsymbol{K}^{-1}\boldsymbol{f}$, erhalten werden, um die Spaltenmatrix der Knotenunbekannten zu erhalten:

$$\begin{bmatrix} u_{2Z} \\[2mm] \varphi_{2Y} \\[2mm] u_{3Z} \\[2mm] \varphi_{3Y} \\[2mm] u_{4Z} \\[2mm] \varphi_{4Y} \end{bmatrix} = \begin{bmatrix} -\dfrac{4F_0L^3}{81EI_{\text{I}}} \\[3mm] \dfrac{5F_0L^2}{18EI_{\text{I}}} \\[3mm] -\dfrac{F_0(23I_{\text{II}} + 5I_{\text{I}})L^3}{162EI_{I}I_{\text{II}}} \\[3mm] \dfrac{F_0(5I_{\text{II}} + 3I_{\text{I}})L^2}{18EI_{\text{I}}I_{\text{II}}} \\[3mm] -\dfrac{F_0(19I_{\text{II}}I_{\text{III}} + 7I_{I}I_{\text{III}} + I_{I}I_{\text{II}})L^3}{81EI_{I}I_{\text{II}}I_{\text{III}}} \\[3mm] \dfrac{F_0(5I_{\text{II}}I_{\text{III}} + 3I_{I}I_{\text{III}} + I_{I}I_{\text{II}})L^2}{18EI_{\text{I}}I_{\text{II}}I_{\text{III}}} \end{bmatrix}. \qquad (6.85)$$

Die Biegemoment- und Querkraftverteilungen innerhalb eines Elements können im Allgemeinen wie folgt ausgedrückt werden (der Index „1" bezieht sich auf den Anfangsknoten und der Index „2" auf den Endknoten):

$$M_y^e(x) = EI_y \left(\left[+\frac{6}{L^2} - \frac{12x}{L^3} \right] u_{1z} + \left[-\frac{4}{L} + \frac{6x}{L^2} \right] \varphi_{1y} \right.$$
$$\left. + \left[-\frac{6}{L^2} + \frac{12x}{L^3} \right] u_{2z} + \left[-\frac{2}{L} + \frac{6x}{L^2} \right] \varphi_{2y} \right), \qquad (6.86)$$

$$Q_z^e(x) = EI_y \left(\left[-\frac{12}{L^3} \right] u_{1z} + \left[+\frac{6}{L^2} \right] \varphi_{1y} + \left[+\frac{12}{L^3} \right] u_{2z} + \left[+\frac{6}{L^2} \right] \varphi_{2y} \right). \quad (6.87)$$

Die Knotenwerte der inneren Reaktionen zur Berechnung der Normal- und Schubspannungen sind in Tab. 6.8 zusammengefasst. Dabei ist zu beachten, dass diese Knotenwerte, die auf dem Finite-Elemente-Ansatz basieren, in diesem Fall gleich der analytischen Lösung sind.

Aus Tab. 6.7 lässt sich schließen, dass das maximale Biegemoment in jedem Element am linken Knotenpunkt erreicht wird und dass die Querkräfte in jedem Element konstant sind.

Die Verteilungen der Normal- und Schubspannungen können im Allgemeinen wie folgt berechnet werden

$$\sigma_x^e(x, z) = \frac{M_y^e(x)}{I_y} \times z, \quad (6.88)$$

$$\tau_{xz}^e(x, z) = \frac{Q_z^e(x)}{2I_y} \left[\left(\frac{b}{2} \right)^2 - z^2 \right], \quad (6.89)$$

oder wie in den Tab. 6.9, 6.10 und 6.11 für alle drei Elemente zusammengefaßt.

Tab. 6.8 Knotenwerte der inneren Reaktionen Biegemoment (M_y) und Querkraft (Q_z) an jedem Knoten

	Element I		Element II		Element III	
	Linker Knoten	Rechter Knoten	Linker Knoten	Rechter Knoten	Linker Knoten	Rechter Knoten
M_y	$F_0 L$	$\frac{2F_0 L}{3}$	$\frac{2F_0 L}{3}$	$-\frac{F_0 L}{3}$	$-\frac{F_0 L}{3}$	0
Q_z	$-F_0$	$-F_0$	$-F_0$	$-F_0$	$-F_0$	$-F_0$

Tab. 6.9 Maximale Normal- und Schubspannungswerte an den Knoten von Element I

Knotenpunkt	Spannungswert
links	$\sigma_x^{e,I}(0, b_I/2) = E\left(\left[+\frac{6}{L_I^2} - 0 \right] 0 + \left[-\frac{4}{L_I} + 0 \right] 0 \right.$ $\left. + \left[-\frac{6}{L_I^2} + 0 \right] u_{2z} + \left[-\frac{2}{L_I} + 0 \right] \varphi_{2y} \right) \times \frac{b_I}{2}$ $\tau_{xz}^{e,I}(0, 0) = \frac{E}{2} \left(\left[-\frac{12}{L_I^3} \right] 0 + \left[+\frac{6}{L_I^2} \right] 0 + \left[+\frac{12}{L_I^3} \right] u_{2z} + \left[+\frac{6}{L_I^2} \right] \varphi_{2y} \right) \times \left(\frac{b_I}{2} \right)^2$
rechts	$\sigma_x^{e,I}(L_I, b_I/2) = E\left(\left[+\frac{6}{L_I^2} - \frac{12L_I}{L_I^3} \right] 0 + \left[-\frac{4}{L_I} + \frac{6L_I}{L_I^2} \right] 0 \right.$ $\left. + \left[-\frac{6}{L_I^2} + \frac{12L_I}{L_I^3} \right] u_{2z} + \left[-\frac{2}{L_I} + \frac{6L_I}{L_I^2} \right] \varphi_{2y} \right) \times \frac{b_I}{2}$ $\tau_{xz}^{e,I}(L_I, 0) = \frac{E}{2} \left(\left[-\frac{12}{L_I^3} \right] 0 + \left[+\frac{6}{L_I^2} \right] 0 + \left[+\frac{12}{L_I^3} \right] u_{2z} + \left[+\frac{6}{L_I^2} \right] \varphi_{2y} \right) \times \left(\frac{b_I}{2} \right)^2$

Tab. 6.10 Maximale Normal- und Schubspannungswerte an den Knoten des Elements II

Knotenpunkt	Spannungswert
links	$\sigma_x^{\mathrm{e,II}}(0, b_{\mathrm{II}}/2) = E\left(\left[+\dfrac{6}{L_{\mathrm{II}}^2}-0\right]u_{2z} + \left[-\dfrac{4}{L_{\mathrm{II}}}+0\right]\varphi_{2y}\right.$ $\left.+\left[-\dfrac{6}{L_{\mathrm{II}}^2}+0\right]u_{3z} + \left[-\dfrac{2}{L_{\mathrm{II}}}+0\right]\varphi_{3y}\right)\times\dfrac{b_{\mathrm{II}}}{2}$ $\tau_{xz}^{\mathrm{e,II}}(0,0) = \dfrac{E}{2}\left(\left[-\dfrac{12}{L_{\mathrm{II}}^3}\right]u_{2z} + \left[+\dfrac{6}{L_{\mathrm{II}}^2}\right]\varphi_{2y} + \left[+\dfrac{12}{L_{\mathrm{II}}^3}\right]u_{3z} + \left[+\dfrac{6}{L_{\mathrm{II}}^2}\right]\varphi_{3y}\right)\times\left(\dfrac{b_{\mathrm{II}}}{2}\right)^2$
rechts	$\sigma_x^{\mathrm{e,II}}(L_{\mathrm{II}}, b_{\mathrm{II}}/2) = E\left(\left[+\dfrac{6}{L_{\mathrm{II}}^2}-\dfrac{12L_{\mathrm{II}}}{L_{\mathrm{II}}^3}\right]u_{2z} + \left[-\dfrac{4}{L_{\mathrm{II}}}+\dfrac{6L_{\mathrm{II}}}{L_{\mathrm{II}}^2}\right]\varphi_{2y}\right.$ $\left.+\left[-\dfrac{6}{L_{\mathrm{II}}^2}+\dfrac{12L_{\mathrm{II}}}{L_{\mathrm{II}}^3}\right]u_{3z} + \left[-\dfrac{2}{L_{\mathrm{II}}}+\dfrac{6L_{\mathrm{II}}}{L_{\mathrm{II}}^2}\right]\varphi_{3y}\right)\times\dfrac{b_{\mathrm{II}}}{2}$ $\tau_{xz}^{\mathrm{e,II}}(L_{\mathrm{II}},0) = \dfrac{E}{2}\left(\left[-\dfrac{12}{L_{\mathrm{II}}^3}\right]u_{2z} + \left[+\dfrac{6}{L_{\mathrm{II}}^2}\right]\varphi_{2y} + \left[+\dfrac{12}{L_{\mathrm{II}}^3}\right]u_{3z} + \left[+\dfrac{6}{L_{\mathrm{II}}^2}\right]\varphi_{3y}\right)\times\left(\dfrac{b_{\mathrm{II}}}{2}\right)^2$

Tab. 6.11 Maximale Normal- und Schubspannungswerte an den Knoten des Elements III

Knotenpunkt	Spannungswert
links	$\sigma_x^{\mathrm{e,III}}(0, b_{\mathrm{III}}/2) = E\left(\left[+\dfrac{6}{L_{\mathrm{III}}^2}-0\right]u_{3z} + \left[-\dfrac{4}{L_{\mathrm{III}}}+0\right]\varphi_{3y}\right.$ $\left.+\left[-\dfrac{6}{L_{\mathrm{III}}^2}+0\right]u_{4z} + \left[-\dfrac{2}{L_{\mathrm{III}}}+0\right]\varphi_{4y}\right)\times\dfrac{b_{\mathrm{III}}}{2}$ $\tau_{xz}^{\mathrm{e,III}}(0,0) = \dfrac{E}{2}\left(\left[-\dfrac{12}{L_{\mathrm{III}}^3}\right]u_{3z} + \left[+\dfrac{6}{L_{\mathrm{III}}^2}\right]\varphi_{3y} + \left[+\dfrac{12}{L_{\mathrm{III}}^3}\right]u_{4z} + \left[+\dfrac{6}{L_{\mathrm{III}}^2}\right]\varphi_{4y}\right)\times\left(\dfrac{b_{\mathrm{III}}}{2}\right)^2$
rechts	$\sigma_x^{\mathrm{e,III}}(L_{\mathrm{III}}, b_{\mathrm{III}}/2) = E\left(\left[+\dfrac{6}{L_{\mathrm{III}}^2}-\dfrac{12L_{\mathrm{III}}}{L_{\mathrm{III}}^3}\right]u_{3z} + \left[-\dfrac{4}{L_{\mathrm{III}}}+\dfrac{6L_{\mathrm{III}}}{L_{\mathrm{III}}^2}\right]\varphi_{3y}\right.$ $\left.+\left[-\dfrac{6}{L_{\mathrm{III}}^2}+\dfrac{12L_{\mathrm{III}}}{L_{\mathrm{III}}^3}\right]u_{4z} + \left[-\dfrac{2}{L_{\mathrm{III}}}+\dfrac{6L_{\mathrm{III}}}{L_{\mathrm{III}}^2}\right]\varphi_{4y}\right)\times\dfrac{b_{\mathrm{III}}}{2}$ $\tau_{xz}^{\mathrm{e,III}}(L_{\mathrm{III}},0) = \dfrac{E}{2}\left(\left[-\dfrac{12}{L_{\mathrm{III}}^3}\right]u_{3z} + \left[+\dfrac{6}{L_{\mathrm{III}}^2}\right]\varphi_{3y} + \left[+\dfrac{12}{L_{\mathrm{III}}^3}\right]u_{4z} + \left[+\dfrac{6}{L_{\mathrm{III}}^2}\right]\varphi_{4y}\right)\times\left(\dfrac{b_{\mathrm{III}}}{2}\right)^2$

Somit wird die maximale Normalspannung in jedem Element am linken Knoten erreicht und die Schubspannung ist in jedem Element konstant. Somit können die kritischen Spannungen in jedem Element wie folgt angegeben werden:

$$\sigma_{x,\mathrm{I}} = \frac{6F_0 L}{a_{\mathrm{I}}\, b_{\mathrm{I}}^2}, \tag{6.90}$$

$$\sigma_{x,\mathrm{II}} = \frac{4F_0 L}{a_{\mathrm{II}}\, b_{\mathrm{II}}^2}, \tag{6.91}$$

$$\sigma_{x,\mathrm{III}} = \frac{2F_0 L}{a_{\mathrm{III}}\, b_{\mathrm{III}}^2}, \tag{6.92}$$

oder für die Schubspannungen:

$$\tau_{xz,\mathrm{I}} = -\frac{3F_0}{2a_{\mathrm{I}}\ b_{\mathrm{I}}}, \tag{6.93}$$

$$\tau_{xz,\mathrm{II}} = -\frac{3F_0}{2a_{\mathrm{II}}\ b_{\mathrm{II}}}, \tag{6.94}$$

$$\tau_{xz,\mathrm{III}} = -\frac{3F_0}{2a_{\mathrm{III}}\ b_{\mathrm{III}}}. \tag{6.95}$$

Die Zielfunktion, d. h. die Masse des Stufenträgers, kann als Funktion der sechs Entwurfsvariablen $a_{\mathrm{I}} = X_1$, $b_{\mathrm{I}} = X_2$, $a_{\mathrm{II}} = X_3$, $b_{\mathrm{II}} = X_4$ und $a_{\mathrm{III}} = X_5$, $b_{\mathrm{III}} = X_6$, angegeben werden:

$$F(X_1, \ldots, X_6) = \varrho L_{\mathrm{I}} X_1 X_2 + \varrho L_{\mathrm{II}} X_3 X_4 + \varrho L_{\mathrm{III}} X_5 X_6 \tag{6.96}$$

$$= \frac{\varrho L}{3}(X_1 X_2 + X_3 X_4 + X_5 X_6), \tag{6.97}$$

die unter den folgenden 10 Ungleichheitsbedingungen zu minimieren ist:

$$g_1 = \frac{F_0(19 I_{\mathrm{II}} I_{\mathrm{III}} + 7 I_{\mathrm{I}} I_{\mathrm{III}} + I_{\mathrm{I}} I_{\mathrm{II}}) L^3}{81 E I_{\mathrm{I}} I_{\mathrm{II}} I_{\mathrm{III}} r_1 L} - 1 \leq 0 \quad (\max.\text{Verschiebung}), \tag{6.98}$$

$$g_2 = \frac{6 F_0 L}{X_1\ X_2^2} - R_{\mathrm{p}0,2} \leq 0 \quad (\text{Normalspannung in I}), \tag{6.99}$$

$$g_3 = \frac{4 F_0 L}{X_3\ X_4^2} - R_{\mathrm{p}0,2} \leq 0 \quad (\text{Normalspannung in II}), \tag{6.100}$$

$$g_4 = \frac{2 F_0 L}{X_5\ X_6^2} - R_{\mathrm{p}0,2} \leq 0 \quad (\text{Normalspannung in III}), \tag{6.101}$$

$$g_5 = \frac{3 F_0}{2 X_1 X_2} - \frac{R_{\mathrm{p}0,2}}{2} \leq 0 \quad (\text{Schubspannung in I}), \tag{6.102}$$

$$g_6 = \frac{3 F_0}{2 X_3 X_4} - \frac{R_{\mathrm{p}0,2}}{2} \leq 0 \quad (\text{Schubspannung in II}), \tag{6.103}$$

$$g_7 = \frac{3 F_0}{2 X_5 X_6} - \frac{R_{\mathrm{p}0,2}}{2} \leq 0 \quad (\text{Schubspannung in III}), \tag{6.104}$$

$$g_8 = X_2 - 20 X_1 \leq 0 \quad (\text{Verhältnis Höhe/Breite in I}), \tag{6.105}$$

$$g_9 = X_4 - 20 X_3 \leq 0 \quad (\text{Verhältnis Höhe/Breite in II}), \tag{6.106}$$

$$g_{10} = X_6 - 20 X_5 \leq 0 \quad (\text{Verhältnis Höhe/Breite in III}). \tag{6.107}$$

Das folgende Listing 6.17 zeigt den gesamten wxMaxima-Code für die Bestimmung des Minimums der in Gl. (6.96) angegebenen Zielfunktion.

```
(% i47)   load("my_funs.mac")$

          fpprintprec:6$
          ratprint: false$
          eps : 1/1000$

          L : 2540$
          L1 : L/3$
          L2 : L/3$
          L3 : L/3$
          E : 68948$
          ro : 2.691e-6$
          R_p02 : 247$
          F_0 : 2667$
          r_1 : 0.06$

          I1 : (1/12)*X[1]*(X[2]^3)$
          I2 : (1/12)*X[3]*(X[4]^3)$
          I3 : (1/12)*X[5]*(X[6]^3)$

          u1z : 0$
          phi1y : 0$
          u2z : -4*F_0*(L^3)/(81*E*I1)$
          phi2y : 5*F_0*(L^2)/(18*E*I1)$
          u3z : -F_0*(L^3)*(23*I2+5*I1)/(162*E*I1*I2)$
          phi3y : F_0*(L^2)*(5*I2+3*I1)/(18*E*I1*I2)$
          u4z : -F_0*(L^3)*(19*I2*I3+7*I1*I3+I1*I2)/(81*E*I1*I2*I3)$
          phi4y : F_0*(L^2)*(5*I2*I3+3*I1*I3+I1*I2)/(18*E*I1*I2*I3)$
          u5z : 0$
          phi5y : 0$

          func_obj(X) := ro*L1*X[1]*X[2] + ro*L2*X[3]*X[4] + ro*L3*X[5]*X[6]$

          /* Normal Stress - Sig(x,(b/2)) */
          M_y : E*Ii*(((6/Li^2)-(12*x/Li^3))*uLz + ((-4/Li)+6*x/Li^2)*phiLy
              + ((-6/Li^2)+12*x/Li^3)*uRz + ((-2/Li)+6*x/Li^2)*phiRy)$
          Sig : M_y*(b/2)/Ii$

          /* Shear Stress - Tau(x,0) */
          Q_z : E*Ii*((-12/Li^3)*uLz + (6/Li^2)*phiLy + (12/Li^3)*uRz + (6/Li^2)*phiRy)$
          Tau : Q_z*(b/2)^2/(2*Ii)$

          /* Element 1 */
          g[1](X) := at(Sig - R_p02, [x=0, Li=L1, Ii=I1, uLz=u1z, phiLy=phi1y, uRz=u2z,
              phiRy=phi2y, b=X[2]])$
          g[2](X) := at(Tau - R_p02, [x=0, Li=L1, Ii=I1, uLz=u1z, phiLy=phi1y,
              uRz=u2z, phiRy=phi2y, b=X[2]])$
          g[3](X) := X[2] - 20*X[1]$
```

Listing 6.17 Numerische Bestimmung des Minimums der Zielfunktion $F(X_1, X_2, X_3, X_4, X_5, X_6)$ und die Limitierung durch zehn Ungleichheitsbedingungen (siehe Gln. (6.98)–(6.107))

```
/* Element 2 */
g[4](X) := at(Sig - R_p02, [x=0, Li=L2, Ii=I2, uLz=u2z, phiLy=phi2y, uRz=u3z,
    phiRy=phi3y, b=X[4]])$
g[5](X) := at(Tau - R_p02, [x=0, Li=L2, Ii=I2, uLz=u2z, phiLy=phi2y,
    uRz=u3z, phiRy=phi3y, b=X[4]])$
g[6](X) := X[4] - 20*X[3]$

/* Element 3 */
g[7](X) := at(Sig - R_p02, [x=0, Li=L3, Ii=I3, uLz=u3z, phiLy=phi3y, uRz=u4z,
    phiRy=phi4y, b=X[6]])$
g[8](X) := at(Tau - R_p02, [x=0, Li=L3, Ii=I3, uLz=u3z, phiLy=phi3y,
    uRz=u4z, phiRy=phi4y, b=X[6]])$
g[9](X) := X[6] - 20*X[5]$
g[10](X) := -u4z - r_1*L$

/* Solution */
no_of_vars : 6$

X_0 : [X[1]=4,X[2]=80,X[3]=4,X[4]=80,X[5]=4,X[6]=80]$
alpha_0 : 1$
gamma_value : 1$
r_p_0s : [0.05, 0.5, 1, 10, 20, 50, 100]$

for r : 1 thru length(r_p_0s) do (
    print("=============="),
    print("For ", r_p = r_p_0s[r]),
    [X_new, pseudo_objective_fun_value] :
    Newton_multi_variable_constrained(func_obj,no_of_vars,X_0,alpha_0,eps,
        r_p_0s[r], gamma_value,"Kuhn_Tucker",true),
    print(X["1"] = rhs(X_new[1])),
    print(X["2"] = rhs(X_new[2])),
    print(X["3"] = rhs(X_new[3])),
    print(X["4"] = rhs(X_new[4])),
    print(X["5"] = rhs(X_new[5])),
    print(X["6"] = rhs(X_new[6])),
    printf(true, "The pseudo-objective function value at this point:
     F = ~,6f", pseudo_objective_fun_value),
    X_0 : copy(X_new)
)$
```

Listing 6.17 (Fortsetzung)

```
================
For r_p=0.05
i=1 X=[X[1]=7.82797,X[2]=144.931,X[3]=7.66238,X[4]=143.592,X[5]=6.9858,X[6]=136.566]
func(X)=7.26712
i=2 X=[X[1]=7.57155,X[2]=147.309,X[3]=6.78427,X[4]=127.136,X[5]=6.18523,X[6]=120.916]
func(X)=6.21804
i=3 X=[X[1]=7.50284,X[2]=147.985,X[3]=6.4824,X[4]=129.966,X[5]=5.6752,X[6]=110.945]
func(X)=5.90667
i=4 X=[X[1]=7.43703,X[2]=148.641,X[3]=6.48337,X[4]=129.964,X[5]=5.2355,X[6]=102.349]
func(X)=5.67982
i=5 X=[X[1]=7.43538,X[2]=148.658,X[3]=6.4834,X[4]=129.964,X[5]=5.15491,X[6]=103.137]
func(X)=5.67027
i=6 X=[X[1]=7.43149,X[2]=148.697,X[3]=6.48345,X[4]=129.964,X[5]=5.15491,X[6]=103.137]
func(X)=5.6697
i=7 X=[X[1]=7.43476,X[2]=148.752,X[3]=6.49496,X[4]=129.95,X[5]=5.15522,X[6]=103.144]
func(X)=5.655
i=8 X=[X[1]=7.43476,X[2]=148.752,X[3]=6.49501,X[4]=129.949,X[5]=5.15522,X[6]=103.144]
func(X)=5.655
Converged after 8 iterations!
X[1]=7.43476
X[2]=148.752
X[3]=6.49501
X[4]=129.949
X[5]=5.15522
X[6]=103.144
The pseudo-objective function value at this point: F = 5.654999
================
For r_p=0.5
i=1 X=[X[1]=7.43707,X[2]=148.747,X[3]=6.4969,X[4]=129.943,X[5]=5.1566,X[6]=103.136]
func(X)=5.6557
Converged after 1 iterations!
X[1]=7.43707
X[2]=148.747
X[3]=6.4969
X[4]=129.943
X[5]=5.1566
The pseudo-objective function value at this point: F = 5.655699
================
For r_p=1
i=1 X=[X[1]=7.4372,X[2]=148.747,X[3]=6.497,X[4]=129.942,X[5]=5.15668,X[6]=103.136]
func(X)=5.65574
Converged after 1 iterations!
X[1]=7.4372
X[2]=148.747
X[3]=6.497
X[4]=129.942
X[5]=5.15668
X[6]=103.136
The pseudo-objective function value at this point: F = 5.655738
```

Listing 6.17 (Fortsetzung)

```
==============
For r_p=10
i=1 X=[X[1]=7.43732,X[2]=148.747,X[3]=6.4971,X[4]=129.942,X[5]=5.15675,X[6]=103.135]
func(X)=5.65577
Converged after 1 iterations!
X[1]=7.43732
X[2]=148.747
X[3]=6.4971
X[4]=129.942
X[5]=5.15675
X[6]=103.135
The pseudo-objective function value at this point: F = 5.655773
==============
For r_p=20
i=1 X=[X[1]=7.43732,X[2]=148.747,X[3]=6.4971,X[4]=129.942,X[5]=5.15675,X[6]=103.135]
func(X)=5.65577
Converged after 1 iterations!
X[1]=7.43732
X[2]=148.747
X[3]=6.4971
X[4]=129.942
X[5]=5.15675
X[6]=103.135
The pseudo-objective function value at this point: F = 5.655775
==============
For r_p=50
i=1 X=[X[1]=7.43733,X[2]=148.747,X[3]=6.4971,X[4]=129.942,X[5]=5.15675,X[6]=103.135]
func(X)=5.65578
Converged after 1 iterations!
X[1]=7.43733
X[2]=148.747
X[3]=6.4971
X[4]=129.942
X[5]=5.15675
X[6]=103.135
The pseudo-objective function value at this point: F = 5.655776
==============
For r_p=100
i=1 X=[X[1]=7.43733,X[2]=148.747,X[3]=6.4971,X[4]=129.942,X[5]=5.15676,X[6]=103.135]
func(X)=5.65578
Converged after 1 iterations!
X[1]=7.43733
X[2]=148.747
X[3]=6.4971
X[4]=129.942
X[5]=5.15676
X[6]=103.135
The pseudo-objective function value at this point: F = 5.655776
```

Listing 6.17 (Fortsetzung)

5.8 Optimierung eines gestuften, gelenkig gelagerten Trägers

Eine einzelne Steifigkeitsmatrix eines Euler-Bernoulli-Balkenelements kann wie folgt angegeben werden, siehe [2, 3]:

$$
\boldsymbol{K}_i^{\mathrm{e}} = \frac{E_i I_i}{L_i^3}
\begin{bmatrix}
12 & -6L_i & -12 & -6L_i \\
-6L_i & 4L_i^2 & 6L_i & 2L_i^2 \\
-12 & 6L_i & 12 & 6L_i \\
-6L_i & 2L_i^2 & 6L_i & 4L_i^2
\end{bmatrix} .
\tag{6.108}
$$

Setzt man die vier elementaren Steifigkeitsmatrizen $\boldsymbol{K}_i^{\mathrm{e}}$ unter Berücksichtigung von $E_{\mathrm{I}} = \cdots = E_{\mathrm{IV}} = E$, $L_{\mathrm{I}} = \cdots = L_{\mathrm{IV}} = \frac{L}{4}$, $I_{\mathrm{IV}} = I_{\mathrm{I}}$ und $I_{\mathrm{III}} = I_{\mathrm{II}}$ zusammen, so ergibt sich die folgende globale Steifigkeitsmatrix:

$$
\boldsymbol{K} =
E
\begin{bmatrix}
\frac{16I_{\mathrm{I}}}{L} & \frac{96I_{\mathrm{I}}}{L^2} & \frac{8I_{\mathrm{I}}}{L} & 0 & 0 & 0 & 0 & 0 \\[2mm]
\frac{96I_{\mathrm{I}}}{L^2} & \left(\frac{768I_{\mathrm{II}}}{L^3}+\frac{768I_{\mathrm{I}}}{L^3}\right) & \left(\frac{96I_{\mathrm{I}}}{L^2}-\frac{96I_{\mathrm{II}}}{L^2}\right) & -\frac{768I_{\mathrm{II}}}{L^3} & -\frac{96I_{\mathrm{II}}}{L^2} & 0 & 0 & 0 \\[2mm]
\frac{8I_{\mathrm{I}}}{L} & \left(\frac{96I_{\mathrm{I}}}{L^2}-\frac{96I_{\mathrm{II}}}{L^2}\right) & \left(\frac{16I_{\mathrm{I}}}{L}+\frac{16I_{\mathrm{I}}}{L}\right) & \frac{96I_{\mathrm{II}}}{L^2} & \frac{8I_{\mathrm{II}}}{L} & 0 & 0 & 0 \\[2mm]
0 & -\frac{768I_{\mathrm{II}}}{L^3} & \frac{96I_{\mathrm{II}}}{L^2} & \frac{1536I_{\mathrm{II}}}{L^3} & 0 & -\frac{768I_{\mathrm{II}}}{L^3} & -\frac{96I_{\mathrm{II}}}{L^2} & 0 \\[2mm]
0 & -\frac{96I_{\mathrm{II}}}{L^2} & \frac{8I_{\mathrm{II}}}{L} & 0 & \frac{32I_{\mathrm{II}}}{L} & \frac{96I_{\mathrm{II}}}{L^2} & \frac{8I_{\mathrm{II}}}{L} & 0 \\[2mm]
0 & 0 & 0 & -\frac{768I_{\mathrm{II}}}{L^3} & \frac{384I_{\mathrm{II}}}{L^3} & \left(\frac{768I_{\mathrm{II}}}{L^3}+\frac{768I_{\mathrm{I}}}{L^3}\right) & \left(\frac{96I_{\mathrm{II}}}{L^2}-\frac{96I_{\mathrm{I}}}{L^2}\right) & -\frac{96I_{\mathrm{I}}}{L^2} \\[2mm]
0 & 0 & 0 & -\frac{96I_{\mathrm{II}}}{L^2} & \frac{8I_{\mathrm{II}}}{L} & \left(\frac{96I_{\mathrm{II}}}{L^2}-\frac{96I_{\mathrm{I}}}{L^2}\right) & \left(\frac{16I_{\mathrm{II}}}{L}+\frac{16I_{\mathrm{I}}}{L}\right) & \frac{8I_{\mathrm{I}}}{L} \\[2mm]
0 & 0 & 0 & 0 & 0 & -\frac{96I_{\mathrm{I}}}{L^2} & \frac{8I_{\mathrm{I}}}{L} & \frac{16I_{\mathrm{I}}}{L}
\end{bmatrix}
\tag{6.109}
$$

Die letzte Gleichung berücksichtigt bereits, dass die translatorischen Freiheitsgrade an den Knoten 1 und 5 Null sind. Die Lösung des linearen Gleichungssystems kann beispielsweise durch Invertierung der globalen Steifigkeitsmatrix und Multiplikation mit der rechten Seite, d. h. $\boldsymbol{u} = \boldsymbol{K}^{-1}\boldsymbol{f}$, erfolgen, um die Spaltenmatrix der Knotenunbekannten zu erhalten:

$$
\begin{bmatrix}
\varphi_{1y} \\[2mm]
u_{2z} \\[2mm]
\varphi_{2y} \\[2mm]
u_{3z} \\[2mm]
\varphi_{3y} \\[2mm]
u_{4z} \\[2mm]
\varphi_{4y} \\[2mm]
\varphi_{5y}
\end{bmatrix}
=
\begin{bmatrix}
\dfrac{F_0(I_{II} + 3I_I)L^2}{64EI_I I_{II}} \\[4mm]
-\dfrac{F_0(2I_{II} + 9I_I)L^3}{768EI_I I_{II}} \\[4mm]
\dfrac{3F_0 L^2}{64EI_{II}} \\[4mm]
-\dfrac{F_0(I_{II} + 7I_I)L^3}{384EI_I I_{II}} \\[4mm]
0 \\[4mm]
-\dfrac{F_0(2I_{II} + 9I_I)L^3}{768EI_I I_{II}} \\[4mm]
-\dfrac{3F_0 L^2}{64EI_{II}} \\[4mm]
-\dfrac{F_0(I_{II} + 3I_I)L^2}{64EI_I I_{II}}
\end{bmatrix}
\tag{6.110}
$$

Die Knotenwerte der inneren Reaktionen zur Berechnung der Normal- und Scher-spannungen sind in Tab. 6.12 zusammengefasst. Dabei ist zu beachten, dass diese Knotenwerte, die auf dem Finite-Elemente-Ansatz basieren, in diesem Fall gleich der analytischen Lösung sind.

Aus Tab. 6.12 lässt sich schließen, dass das maximale Biegemoment in Element I und II am rechten Knotenpunkt erreicht wird und dass die Querkräfte in jedem Element konstant sind.

Die Verteilungen der Normal- und Schubspannungen können im Allgemeinen wie folgt berechnet werden

$$
\sigma_x^e(x, z) = \frac{M_y^e(x)}{I_y} \times z,
\tag{6.111}
$$

$$
\tau_{xz}^e(x, z) = \frac{Q_z^e(x)}{2I_y}\left[\left(\frac{b}{2}\right)^2 - z^2 \right].
\tag{6.112}
$$

Somit wird die maximale Normalspannung in den Elementen I und II am rechten Knoten (bzw. am linken Knoten für die Elemente III und IV) erreicht und die

Tab. 6.12 Knotenwerte der inneren Reaktionen Biegemoment (M_y) und Querkraft (Q_z) an jedem Knoten

	Element I		Element II		Element III		Element IV	
	Linker Knoten	Rechter Knoten	Linker Knoten	Rechter Knoten	Linker Knoten	Rechter Knoten	Linker Knoten	Rechter Knoten
M_y	0	$-\frac{F_0 L}{8}$	$-\frac{F_0 L}{8}$	$-\frac{F_0 L}{4}$	$-\frac{F_0 L}{4}$	$-\frac{F_0 L}{8}$	$-\frac{F_0 L}{8}$	0
Q_z	$-\frac{F_0}{2}$	$-\frac{F_0}{2}$	$-\frac{F_0}{2}$	$-\frac{F_0}{2}$	$\frac{F_0}{2}$	$\frac{F_0}{2}$	$\frac{F_0}{2}$	$\frac{F_0}{2}$

Schubspannung ist in jedem Element konstant. Somit können die kritischen Spannungen in jedem Element wie folgt angegeben werden:

$$\sigma_{x,\mathrm{I}} = -\frac{3F_0 L}{4a_\mathrm{I}\, b_\mathrm{I}^2}, \tag{6.113}$$

$$\sigma_{x,\mathrm{II}} = -\frac{3F_0 L}{2a_\mathrm{II}\, b_\mathrm{II}^2}, \tag{6.114}$$

$$\sigma_{x,\mathrm{III}} = -\frac{3F_0 L}{2a_\mathrm{III}\, b_\mathrm{III}^2}, \tag{6.115}$$

$$\sigma_{x,\mathrm{IV}} = -\frac{3F_0 L}{4a_\mathrm{IV}\, b_\mathrm{IV}^2}, \tag{6.116}$$

oder für die Schubspannungen:

$$\tau_{xz,\mathrm{I}} = -\frac{3F_0}{4a_\mathrm{I}\, b_\mathrm{I}}, \tag{6.117}$$

$$\tau_{xz,\mathrm{II}} = -\frac{3F_0}{4a_\mathrm{II}\, b_\mathrm{II}}, \tag{6.118}$$

$$\tau_{xz,\mathrm{III}} = \frac{3F_0}{4a_\mathrm{III}\, b_\mathrm{III}}, \tag{6.119}$$

$$\tau_{xz,\mathrm{IV}} = \frac{3F_0}{4a_\mathrm{IV}\, b_\mathrm{IV}}. \tag{6.120}$$

Die Zielfunktion, d. h. die Masse des Stufenträgers, kann als Funktion der vier Entwurfsvariablen $a_\mathrm{I} = a_\mathrm{IV} = X_1$, $b_\mathrm{I} = b_\mathrm{IV} = X_2$ und $a_\mathrm{II} = a_\mathrm{III} = X_3$, $b_\mathrm{II} = b_\mathrm{III} = X_4$ angegeben werden:

$$F(X_1, X_2, X_3, X_2) = 2\varrho L_\mathrm{I} X_1 X_2 + 2\varrho L_\mathrm{II} X_3 X_4, \tag{6.121}$$

die unter den folgenden 13 Ungleichheitsbedingungen zu minimieren ist:

$$g_1 = \frac{F_0 (I_\mathrm{II} + 7I_\mathrm{I}) L^3}{384 E I_\mathrm{I} I_\mathrm{II} r_1 L} - 1 \le 0 \quad (\max.\text{Verschiebung}), \tag{6.122}$$

$$g_2 = \frac{3F_0 L}{4X_1\, X_2^2} - R_{\mathrm{p}0,2} \le 0 \quad (\text{Normalspannung in I}), \tag{6.123}$$

$$g_3 = \frac{3F_0 L}{2X_3\, X_4^2} - R_{\mathrm{p}0,2} \le 0 \quad (\text{Normalspannung in II}), \tag{6.124}$$

$$g_4 = \frac{3F_0 L}{2X_3\,X_4{}^2} - R_{\text{p0,2}} \le 0 \qquad \text{(Normalspannung in III)}, \qquad (6.125)$$

$$g_5 = \frac{3F_0 L}{4X_1\,X_2{}^2} - R_{\text{p0,2}} \le 0 \qquad \text{(Normalspannung in IV)}, \qquad (6.126)$$

$$g_6 = \frac{3F_0}{4X_1\,X_2} - \frac{R_{\text{p0,2}}}{2} \le 0 \qquad \text{(Schubspannung in I)}, \qquad (6.127)$$

$$g_7 = \frac{3F_0}{4X_3\,X_4} - \frac{R_{\text{p0,2}}}{2} \le 0 \qquad \text{(Schubspannung in II)}, \qquad (6.128)$$

$$g_8 = \frac{3F_0}{4X_3\,X_4} - \frac{R_{\text{p0,2}}}{2} \le 0 \qquad \text{(Schubspannung in III)}, \qquad (6.129)$$

$$g_9 = \frac{3F_0}{4X_1\,X_2} - \frac{R_{\text{p0,2}}}{2} \le 0 \qquad \text{(Schubspannung in IV)}, \qquad (6.130)$$

$$g_{10} = X_2 - 20X_1 \le 0 \qquad \text{(Verhältnis Höhe/Breite in I)}, \qquad (6.131)$$

$$g_{11} = X_4 - 20X_3 \le 0 \qquad \text{(Verhältnis Höhe/Breite in II)}, \qquad (6.132)$$

$$g_{12} = X_4 - 20X_3 \le 0 \qquad \text{(Verhältnis Höhe/Breite in III)}, \qquad (6.133)$$

$$g_{13} = X_2 - 20X_1 \le 0 \qquad \text{(Verhältnis Höhe/Breite in IV)}. \qquad (6.134)$$

Das folgende Listing 6.18 zeigt den gesamten wxMaxima-Code für die Bestimmung des Minimums der in Gl. (6.121) gegebenen Zielfunktion.

```
(% i51)   load("my_funs.mac")$

          fpprintprec:6$
          ratprint: false$
          eps : 1/1000$

          L : 2540$
          L1 : L/4$
          L2 : L/4$
          L3 : L/4$
          L4 : L/4$
          E : 68948$
          ro : 2.691e-6$
          R_p02 : 247$
          F_0 : 2667$
          r_1 : 0.01$

          I1 : (1/12)*X[1]*(X[2]^3)$
          I4 : I1$
          I2 : (1/12)*X[3]*(X[4]^3)$
          I3 : I2$

          u1z : 0$
          phi1y : F_0*(I2+3*I1)*L^2/(64*E*I1*I2)$
          u2z : -F_0*(2*I2+9*I1)*(L^3)/(768*E*I1*I2)$
          phi2y : 3*F_0*(L^2)/(64*E*I2)$
          u3z : -F_0*(I2+7*I1)*(L^3)/(384*E*I1*I2)$
          phi3y : 0$
          u4z : -F_0*(2*I2+9*I1)*(L^3)/(768*E*I1*I2)$
          phi4y : -3*F_0*(L^2)/(64*E*I2)$
          u5z : 0$
          phi5y : -F_0*(I2+3*I1)*L^2/(64*E*I1*I2)$

          func_obj(X) := 2*ro*L1*X[1]*X[2] + 2*ro*L2*X[3]*X[4]$

          /* Normal Stress - Sig(x,(b/2)) */
          M_y : E*Ii*(((6/Li^2)-(12*x/Li^3))*uLz + ((-4/Li)+6*x/Li^2)*phiLy
              + ((-6/Li^2)+12*x/Li^3)*uRz + ((-2/Li)+6*x/Li^2)*phiRy)$
          Sig : M_y*(b/2)/Ii$

          /* Shear Stress - Tau(x,0) */
          Q_z : E*Ii*((-12/Li^3)*uLz + (6/Li^2)*phiLy + (12/Li^3)*uRz + (6/Li^2)*phiRy)$
          Tau : Q_z*(b/2)^2/(2*Ii)$

          /* Element 1 */
          g[1](X) := at(Sig - R_p02, [x=L1, Li=L1, Ii=I1, uLz=u1z, phiLy=phi1y,
              uRz=u2z, phiRy=phi2y, b=X[2]])$
          g[2](X) := at(Tau - R_p02, [x=L1, Li=L1, Ii=I1, uLz=u1z, phiLy=phi1y,
              uRz=u2z, phiRy=phi2y, b=X[2]])$
          g[3](X) := X[2] - 20*X[1]$
```

Listing 6.18 Numerische Bestimmung des Minimums der Zielfunktion $F(X_1, X_2, X_3, X_4)$ und die Limitierung durch 13 Ungleichheitsbedingungen (siehe Gln. (6.122)–(6.134))

```
/* Element 2 */
g[4](X) := at(Sig - R_p02, [x=L2, Li=L2, li=l2, uLz=u2z, phiLy=phi2y,
        uRz=u3z, phiRy=phi3y, b=X[4]])$
g[5](X) := at(Tau - R_p02, [x=L2, Li=L2, li=l2, uLz=u2z, phiLy=phi2y,
        uRz=u3z, phiRy=phi3y, b=X[4]])$
g[6](X) := X[4] - 20*X[3]$
g[7](X) := -u3z - r_1*L$

/* Element 3 */
g[8](X) := at(Sig - R_p02, [x=L3, Li=L3, li=l3, uLz=u3z, phiLy=phi3y,
        uRz=u4z, phiRy=phi4y, b=X[4]])$
g[9](X) := at(Tau - R_p02, [x=L3, Li=L3, li=l3, uLz=u3z, phiLy=phi3y,
        uRz=u4z, phiRy=phi4y, b=X[4]])$

/* Element 4 */
g[10](X) := at(Sig - R_p02, [x=L4, Li=L4, li=l4, uLz=u4z, phiLy=phi4y,
        uRz=u5z, phiRy=phi5y, b=X[2]])$
g[11](X) := at(Tau - R_p02, [x=L4, Li=L4, li=l4, uLz=u4z, phiLy=phi4y,
        uRz=u5z, phiRy=phi5y, b=X[2]])$

/* Solution */
no_of_vars : 4$

X_0 : [X[1]=1,X[2]=20,X[3]=1,X[4]=20]$
alpha_0 : 1$
gamma_value : 1$
r_p_0s : [0.05, 0.5, 1, 10, 20, 50, 100]$

for r : 1 thru length(r_p_0s) do (
    print("=============="),
    print("For ", r_p = r_p_0s[r]),
    [X_new, pseudo_objective_fun_value] :
    Newton_multi_variable_constrained(func_obj,no_of_vars,X_0,alpha_0,eps,
        r_p_0s[r], gamma_value,"Kuhn_Tucker",true),
    print(X["1"] = rhs(X_new[1])),
    print(X["2"] = rhs(X_new[2])),
    print(X["3"] = rhs(X_new[3])),
    print(X["4"] = rhs(X_new[4])),
    printf(true, "The pseudo-objective function value at this point:
     F = ~,6f", pseudo_objective_fun_value),
    X_0 : copy(X_new)
)$
```

Listing 6.18 (Fortsetzung)

```
==============
For r_p=0.05
i=1 X=[X[1]=5.24768,X[2]=104.954,X[3]=5.24768,X[4]=104.954] func(X)=3.7905
i=2 X=[X[1]=4.50338,X[2]=90.0914,X[3]=5.35487,X[4]=107.136] func(X)=3.48719
i=3 X=[X[1]=4.08859,X[2]=81.8888,X[3]=5.60818,X[4]=112.306] func(X)=3.33695
i=4 X=[X[1]=4.08226,X[2]=81.7145,X[3]=5.635,X[4]=112.796] func(X)=3.33342
i=5 X=[X[1]=4.07707,X[2]=81.6111,X[3]=5.63897,X[4]=112.876] func(X)=3.3334
Converged after 5 iterations!
X[1]=4.07707
X[2]=81.6111
X[3]=5.63897
X[4]=112.876
The pseudo-objective function value at this point: F = 3.333398
==============
For r_p=0.5
i=1 X=[X[1]=4.10215,X[2]=82.0475,X[3]=5.67365,X[4]=113.479] func(X)=3.35288
i=2 X=[X[1]=4.1021,X[2]=82.049,X[3]=5.67356,X[4]=113.481] func(X)=3.35287
Converged after 2 iterations!
X[1]=4.1021
X[2]=82.049
X[3]=5.67356
X[4]=113.481
The pseudo-objective function value at this point: F = 3.352869
==============
For r_p=1
i=1 X=[X[1]=4.10355,X[2]=82.0746,X[3]=5.67557,X[4]=113.516] func(X)=3.35399
Converged after 1 iterations!
X[1]=4.10355
X[2]=82.0746
X[3]=5.67557
X[4]=113.516
The pseudo-objective function value at this point: F = 3.353989
==============
For r_p=10
i=1 X=[X[1]=4.10487,X[2]=82.0977,X[3]=5.67739,X[4]=113.548] func(X)=3.355
i=2 X=[X[1]=4.10487,X[2]=82.0977,X[3]=5.67739,X[4]=113.548] func(X)=3.355
Converged after 2 iterations!
X[1]=4.10487
X[2]=82.0977
X[4]=113.548
The pseudo-objective function value at this point: F = 3.355000
```

Listing 6.18 (Fortsetzung)

```
================
For r_p=20
i=1 X=[X[1]=4.10494,X[2]=82.099,X[3]=5.67749,X[4]=113.55] func(X)=3.35506
Converged after 1 iterations!
X[1]=4.10494
X[2]=82.099
X[3]=5.67749
X[4]=113.55
The pseudo-objective function value at this point: F = 3.355057
================
For r_p=50
i=1 X=[X[1]=4.10499,X[2]=82.0998,X[3]=5.67755,X[4]=113.551] func(X)=3.35509
Converged after 1 iterations!
X[1]=4.10499
X[2]=82.0998
X[3]=5.67755
X[4]=113.551
The pseudo-objective function value at this point: F = 3.355091
================
For r_p=100
i=1 X=[X[1]=4.105,X[2]=82.1,X[3]=5.67758,X[4]=113.552] func(X)=3.3551
Converged after 1 iterations!
X[1]=4.105
X[2]=82.1
X[3]=5.67758
X[4]=113.552
The pseudo-objective function value at this point: F = 3.355102
```

Listing 6.18 (Fortsetzung)

Literatur

1. Öchsner A (2014) Elasto-plasticity of frame structure elements: modeling and simulation of rods and beams. Springer, Berlin
2. Öchsner A (2016) Computational statics and dynamics – an introduction based on the finite element method. Springer, Singapore
3. Öchsner A (2018) A project-based introduction to computational statics. Springer, Cham
4. Öchsner A (2019) Leichtbaukonzepte anhand einfacher Strukturelemente: Neuer didaktischer Ansatz mit zahlreichen Übungsaufgaben. Springer Vieweg, Berlin

Kapitel 7
Maxima-Quellcodes

Zusammenfassung Dieses Kapitel enthält den kommentierten und strukturierten Quellcode der Maxima-Hauptdatei, die alle geschriebenen Routinen enthält.

Die folgende Datei my_funs.mac muss in allen Maxima-Arbeitsmappen enthalten sein, damit sie korrekt ausgeführt und die Ergebnisse angezeigt werden.

Ein Kommentar zur plattformübergreifenden Nutzung:

Beim Wechsel zwischen verschiedenen Plattformen (z. B. von Microsoft Windows zu Mac OS) gibt es in der Regel ein Problem bei der Übertragung der kodierten Textdateien auf die neue Plattform. Daher empfehlen wir den Benutzern, sich an die UTF-8-Kodierung zu halten, die in gewisser Weise universell ist. Da jedoch ältere Versionen von Microsoft Windows UTF-8 nicht vollständig unterstützen, kann es vorkommen, dass Maxima eine Fehlermeldung wie folgt ausgibt:

```
PARSE-NAMESTRING : Character#\uF028 cannot be represented in the character set CHARSET : CP1252
```

In diesem Beispiel liegt die Ursache des Problems darin, dass die Standardkodierung des verwendeten Betriebssystems (CP-1252, auch bekannt als Windows-1252) einige der Zeichen in der UTF-8-kodierten Bibliotheksdatei nicht unterstützt. In solchen Fällen wäre es am einfachsten, die Kodierung der Bibliotheksdatei in die Kodierung zu konvertieren, die dem Zielbetriebssystem bekannt ist.

Um die Navigation im Quellcode der Datei my_funs.mac zu erleichtern, sind in Tab. 7.1 alle Funktionen und die entsprechende Zeile im Quellcode in alphabetischer Reihenfolge aufgeführt.

Tab. 7.1 Alphabetische Liste aller Funktionen in der Hauptbibliothek my_funs.mac

Name der Funktion	Programmzeile
alpha_old_finder	19
alpha_older_finder_var2	73
bf_ver1	176
bf_ver2	223
bf_ver2_varN	287

(Fortsetzung)

Tab. 7.1 (Fortsetzung)

Name der Funktion	Programmzeile
bf_ver2_varN_table	360
gradient	416
gss	435
Newton_multi_variable_constrained	490
Newton_multi_variable_unconstrained	572
Newton_multi_variable_unconstrained_var2	678
Newton_one_variable_constrained_exterior_penalty	775
Newton_one_variable_constrained_exterior_penalty_var2	843
Newton_one_variable_unconstrained	897
Newton_one_variable_unconstrained_table	952
one_variable_constrained_exterior_penalty	1007
one_variable_constrained_exterior_penalty	1068
one_variable_constrained_one_variable_constrained_sign_detector	1122
one_variable_constrained_range_detection	1182
pseudo_function_interior_penalty	1266
steepest_multi_variable_constrained	1313
steepest_multi_variable_unconstrained	1393
steepest_multi_variable_unconstrained_var2	1486

```
                                                    my_funs.mac (main file)
 1  /*
 2  load("../Library/my_funs.mac");
 3  */
 4
 5  /*
 6  A routine to calculate alpha_star
 7
 8  Inputs:
 9  func : Objective function
10  X_old_value : Solution from the previous iteration (X_0 for the
        first iteration)
11  S_old : Value of S_old
12  alpha_old_0 : alpha_star from the previous iteration (alpha_0
        for the first iteration)
13  eps : Tolerance value
14  counter : Current iteration number
15
16  Output:
17  alpha_new : alpha_star for the current iteration
18  */
19  alpha_old_finder(func, X_old_value, S_old, alpha_old_0, eps,
        counter) :=
20  block([X_substitute, alpha_old, check],
21
22    /*assing the initial alpha to the objective function */
23    alpha_old : copy(alpha_old_0),
24
```

```
25     /* change of variables (substitution) to find X with respect
          to alpha */
26     for i:1 thru no_of_vars do X_substitute[i] :
          X[i]=X_old_value[i]+alpha*S_old[i][1],
27     X_substitute : listarray(X_substitute),
28     /* determine the objective function with respect to the
          unknown variable alpha */
29     func_alpha(X) := subst(X_substitute,func(X)),
30     dfunc : diff(func_alpha(X),alpha,1),
31     ddfunc : diff(func_alpha(X),alpha,2),
32
33     check : true,
34     j : 0,
35     while (check) do (
36       j : j + 1,
37
38    /* calculate the new alpha */
39       alpha_new : alpha_old - float(at(dfunc,
          alpha=alpha_old))/float(at(ddfunc, alpha=alpha_old)),
40
41    /* check for convergence of the solution */
42       if (abs(alpha_new-alpha_old)<eps) then (
43         check : false
44       ),
45       if (j>50) then (
46         check : false,
47         printf(true, "*** Warning, no convergence in alpha for i =
          ~d *** ~%", counter),
48         alpha_new : alpha_old_0
49       ),
50       alpha_old : alpha_new
51     ),
52     return(alpha_new)
53  )$
54
55  /*
56  A routine to calculate alpha_star
57  Variation 2
58
59  Purpose:
60  This function works the same as *alpha_old_finder*, with the
          difference that the pseudo-objective function with respect
          to alpha, and its gradients must be calculated separately
          within the routine.
61
62  Inputs:
63  func_obj : Objective function
64  X_old_value : Solution from the previous iteration (X_0 for the
          first iteration)
65  S_old : Value of S_old
66  alpha_old_0 : alpha_star from the previous iteration (alpha_0
          for the first iteration)
67  eps : Tolerance value
68  counter : Current iteration number
69
70  Output:
71  alpha_new : alpha_star for the current iteration
72  */
```

```
73  alpha_old_finder_var2(func_obj, X_old_value, S_old, alpha_old_0,
        eps, counter) :=
74  block([X_substitute, alpha_old, check, linear_of, p_alpha,
        dp_alpha, ddp_alpha, g_alpha],
75
76      /*assing the initial alpha to the function */
77      alpha_old : copy(alpha_old_0),
78
79      /* change of variables (substitution) to find X with respect
        to alpha */
80      for i:1 thru no_of_vars do X_substitute[i] :
        X[i]=X_old_value[i]+alpha*S_old[i][1],
81      X_substitute : listarray(X_substitute),
82
83      /* determine the objective function with respect to the
        unknown variable alpha */
84      func_alpha_subs : subst(X_substitute,func_obj(X)),
85
86
87          /* derive the function and its derivatives with respect to
            alpha */
88          /* if g and h exist, calculate p(x) and q(x) */
89          if (unknown(g[1])) then (
90            len_g : length(listarray(g)),
91            for n:1 thru len_g do (
92              g_alpha[n] : subst(X_substitute,g[n](X))
93            ),
94            p_alpha : sum(unit_step(g_alpha[m])*g_alpha[m]^2,m,1,len_g),
95            dp_alpha :
        sum(unit_step(g_alpha[m])*diff(g_alpha[m]^2,alpha,1),m,1,len_g),
96            ddp_alpha :
        sum(unit_step(g_alpha[m])*diff(g_alpha[m]^2,alpha,2),m,1,len_g)
97          ),
98
99          if (unknown(h[1])) then (
100           len_h : length(listarray(h)),
101           for k:1 thru len_h do (
102             h_alpha[k] : subst(X_substitute,h[k](X))
103           ),
104           q_alpha : sum(h_alpha[k]^2,k,1,len_h),
105           dq_alpha : sum(diff(h_alpha[k]^2,alpha,1),k,1,len_h),
106           ddq_alpha : sum(diff(h_alpha[k]^2,alpha,2),k,1,len_h)
107         ),
108
109         func_alpha : func_alpha_subs,
110         dfunc_alpha : diff(func_alpha_subs,alpha,1),
111         ddfunc_alpha : diff(func_alpha_subs,alpha,2),
112         r_p : r_p_0,
113         if ( unknown(g[1]) and unknown(h[1]) ) then (
114           func_alpha : func_alpha_subs + r_p*p_alpha + r_p*q_alpha,
115           dfunc_alpha : diff(func_alpha_subs,alpha,1) + r_p*dp_alpha
        + r_p*dq_alpha,
```

```
116          ddfunc_alpha : diff(func_alpha_subs,alpha,2) +
         r_p*ddp_alpha + r_p*ddq_alpha
117      ) else if ( unknown(g[1]) and not(unknown(h[1])) ) then (
118          func_alpha : func_alpha_subs + r_p*p_alpha,
119          dfunc_alpha : diff(func_alpha_subs,alpha,1) + r_p*dp_alpha,
120          ddfunc_alpha : diff(func_alpha_subs,alpha,2) +
         r_p*ddp_alpha
121      ) else if ( not(unknown(g[1])) and unknown(h[1]) ) then (
122          func_alpha : func_alpha_subs + r_p*q_alpha,
123          dfunc_alpha : diff(func_alpha_subs,alpha,1) + r_p*dq_alpha,
124          ddfunc_alpha : diff(func_alpha_subs,alpha,2) +
         r_p*ddq_alpha
125      ),
126
127      check : true,
128      j : 0,
129      while (check) do (
130          linear_of : false,
131          if (at(float(ddfunc_alpha), alpha=alpha_old)=0) then (
132              linear_of : true
133          ),
134          j : j + 1,
135
136      /* calculate the new alpha */
137          if not(linear_of) then (
138              alpha_new : alpha_old - float(at(dfunc_alpha,
         alpha=alpha_old))/float(at(float(ddfunc_alpha),
         alpha=alpha_old))
139          ) else (
140              alpha_new : copy(alpha_old/1000),
141              check : false
142              /*
143              if (at(func_alpha,alpha=1E-3)<=at(func_alpha,alpha=1-1E-3))
         then (
144                  alpha_new : 1E-3
145              ) else (
146                  alpha_new : 1-1E-3
147              )
148              */
149          ),
150
151      /* check for convergence of the solution */
152          if (abs(float(at(dfunc_alpha, alpha=alpha_new)))<eps) then (
153              check : false
154          ),
155          if (j>50 and check) then (
156              check : false,
157              printf(true, "*** Warning, no convergence in alpha for i
         = ~d *** ~%", counter),
158              alpha_new : copy(alpha_old_0)
159          ),
160          alpha_old : copy(alpha_new)
```

```
161        ),
162        return(alpha_new)
163    )$
164
165    /*
166    Brute Force Method (version 1)
167
168    Inputs:
169    Xmin : Minimum value of X
170    Xmax : Maximum value of X
171    N : Total number of function evaluation
172
173    Output:
174
175    */
176    bf_ver1(Xmin, Xmax, N) :=
177    block([X0, X1, X2, X_extr, fX0, FX1, FX2, Fmin, Fmax, dh, i],
178      Fmin : func(Xmin),
179      Fmax : func(Xmax),
180      X0 : Xmin,
181      dh : (Xmax - Xmin) / N,
182      i : 0,
183      while true do (
184        i : i + 1,
185        X1 : X0 + dh,
186        X2 : X1 + dh,
187        fX0 : func(X0),
188        FX1 : func(X1),
189        FX2 : func(X2),
190        if ( (fX0>=FX1) and (FX1<=FX2) ) then (
191          X_extr : (X0 + X2) / 2,
192          printf(true, "~% minimum lies in [~12,4e,~12,4e]", X0, X2),
193          printf(true, "~% X_extr = ~12,4e ( i = ~d )", X_extr, i),
194          return(X_extr)
195        )
196        else (
197          if ( (X2 < Xmax) ) then (
198            X0 : X1
199          )
200          else (
201            printf(true, "~% no minimum lies in [~12,4e,~12,4e]",
       Xmin, Xmax),
202            printf(true,
203            "~% or boundary point (Xmin = ~4,4e ( f(Xmin)=~4,4e ) or
       Xmax = ~4,4e ( f(Xmax)=~4,4e )) is the minimum.",Xmin, Fmin,
       Xmax, Fmax),
204            return()
205          )
206        )
207      ),
208      return()
209    )$
210
211    /*
```

```
212  Brute Force Method (version 2)
213
214  Inputs:
215  Xmin : Minimum value of X
216  Xmax : Maximum value of X
217  X0 : Start value
218  N : Total number of function evaluation
219
220  Output:
221
222  */
223  bf_ver2(Xmin, Xmax, X0, n) :=
224  block([X1, X2, X_extr, fX0, FX1, FX2, Fmin, Fmax, dh, nnew, i],
225    nnew : n,
226    check : true,
227    while (check) do (
228      dh : (Xmax - Xmin) / nnew,
229      X1 : X0 - dh,
230      X2 : X0 + dh,
231      if ( (X1>=Xmin) and (X2<=Xmax) ) then (
232        check : false,
233        i : 0,
234        while true do (
235          i : i + 1,
236          X1 : X0 - dh,
237          X2 : X0 + dh,
238          fX0 : func(X0),
239          FX1 : func(X1),
240          FX2 : func(X2),
241          if ( (FX1>=fX0) and (fX0<=FX2) ) then (
242            X_extr : (X0 + X2) / 2,
243            printf(true, "~% minimum lies in [~12,4e,~12,4e]", X0, X2),
244            printf(true, "~% X_extr = ~12,4e ( i = ~d )", X_extr, i),
245            return(X_extr)
246          ) else (
247            if (FX2<=fX0) then (
248              if not(X2<Xmax) then (
249                X_extr : Xmax,
250                printf(true, "~% X_extr = ~12,4e ( i = ~d )",
       X_extr, i),
251                return(X_extr)
252              ),
253              X0 : X2
254            ) else (
255              if not(X1>Xmin) then (
256                X_extr : Xmin,
257                printf(true, "~% X_extr = ~12,4e ( i = ~d )",
       X_extr, i),
258                return(X_extr)
259              ),
260              X0 : X1
261            )
```

```
262        )
263      )
264    ) else (
265      nnew : nnew * 10,
266      printf(true, "~% the value of n has been changed to
       ~4,3f", nnew)
267    )
268  ),
269  return()
270 )$
271
272 /*
273 Brute Force Method (version 2 - with variable N)
274
275 Inputs:
276 Xmin : Minimum value of X
277 Xmax : Maximum value of X
278 X0 : Start value
279 N : Total number of function evaluation
280 alpha : Scaling parameter
281 print_swtich : Prints the output if TRUE
282
283 Output:
284 X_extr : The extremum value
285 k : Total number of iterations
286 */
287 bf_ver2_varN(Xmin, Xmax, X0, n, alpha, print_switch) :=
288 block([X1, X2, fX0, FX1, FX2, dh],
289   check : true,
290   dh : (Xmax - Xmin) / n,
291   k : 0,
292   while (true) do (
293     X1 : X0 - dh,
294     X2 : X0 + dh,
295     if ( (X1>=Xmin) and (X2<=Xmax) ) then (
296        k : k + 1,
297        fX0 : func(X0),
298        FX1 : func(X1),
299        FX2 : func(X2),
300        if ( (FX1>=fX0) and (fX0<=FX2) ) then (
301          X_extr : (X0 + X2) / 2,
302          if (print_switch) then (
303            printf(true, "~%~5d ~12,8e ~5d", n, X_extr, k)
304          ),
305          return([X_extr,k])
306        ) else (
307          if (FX2<=fX0) then (
308            if not(X2<Xmax) then (
309              X_extr : Xmax,
310              if (print_switch) then (
311                printf(true, "~5d ~12,8e ~5d", n, X_extr, k)
312              ),
313              return([X_extr,k])
314            ),
```

```
315        X0 : X2
316      ) else (
317        if not(X1>Xmin) then (
318          X_extr : Xmin,
319          if (print_switch) then (
320            printf(true, "~%5d ~12,8e ~5d", n, X_extr, k)
321          ),
322          return([X_extr,k])
323        ),
324        X0 : X1
325      )
326    ),
327    if (is(equal(alpha,"Fibonacci"))) then (
328      dh : dh * fib(k)
329    ) else (
330      dh : dh * alpha
331    ),
332    if (print_switch) then (
333      printf(true, "~% New dh: ~12,8e ", dh)
334    )
335  ) else (
336    dh : dh / 100,
337    if (print_switch) then (
338      printf(true, "~% dh too large, the value has decreased
     to ~12,8e", dh)
339    )
340  )
341  ),
342  return([X_extr,k])
343 )$
344
345 /*
346 Brute Force Method (version 2 - with variable N)
347 with table output (see Module 2.6)
348
349 Inputs:
350 Xmin : Minimum value of X
351 Xmax : Maximum value of X
352 X0 : Start value
353 N : Total number of function evaluation
354 alpha : Scaling parameter
355
356 Output:
357 X_extr : The extremum value
358 k : Total number of iterations
359 */
360 bf_ver2_varN_table(Xmin, Xmax, X0, n, alpha) :=
361 block([X1, X2, X_extr, fX0, FX1, FX2, dh, nnew],
362   nnew : n,
363   dh : (Xmax - Xmin) / nnew,
364   k : 0,
365   while (true) do (
366     X1 : X0 - dh,
367     X2 : X0 + dh,
```

```
368      if ( (X1>=Xmin) and (X2<=Xmax) ) then (
369        k : k + 1,
370        fX0 : func(X0),
371        FX1 : func(X1),
372        FX2 : func(X2),
373        if ( (FX1>=fX0) and (fX0<=FX2) ) then (
374          X_extr : (X0 + X2) / 2,
375          printf(true, "~%~5d ~12,8e ~5d", n, X_extr, k),
376          return(X_extr)
377        ) else (
378          if (FX2<=fX0) then (
379            if not(X2<Xmax) then (
380              X_extr : Xmax,
381              printf(true, "~5d ~12,8e ~5d", n, X_extr, k),
382              return(X_extr)
383            ),
384            X0 : X2
385          ) else (
386            if not(X1>Xmin) then (
387              X_extr : Xmin,
388              printf(true, "~%5d ~12,8e ~5d", n, X_extr, k),
389              return(X_extr)
390            ),
391            X0 : X1
392          )
393        ),
394        if (equal(alpha,"Fibonacci")) then (
395          dh : dh * fib(k)
396        ) else (
397          dh : dh * alpha
398        )
399      ) else (
400        dh : dh / 100
401      )
402    ),
403    return()
404  )$
405
406  /*
407  Gradient operator
408
409  Inputs:
410  f : Function based on XI
411  XI : Vector of variables
412
413  Output:
414  grad : Gradient of the function
415  */
416  gradient(f, XI) :=
417  block([],
418    for i : 1 thru length(XI) do (
419      grad[i] : diff(f,XI[i],1)
420    ),
421    return(listarray(grad))
```

```
422  )$
423
424  /*
425  Golden Section Search Method
426
427  Inputs:
428  Xmin : Minimum value of X
429  Xmax : Maximum value of X
430  N : Total number of function evaluation
431
432  Output:
433
434  */
435  gss(Xmin, Xmax, N):=
436  block([X1, X2, FX1, FX2, Fmin, Fmax, tau, K],
437    tau : 0.381966,
438    Fmin : func(Xmin),
439    Fmax : func(Xmax),
440    X1 : Xmin + tau*(Xmax - Xmin),
441    X2 : Xmax - tau*(Xmax - Xmin),
442    FX1 : func(X1),
443    FX2 : func(X2),
444    K : 3,
445    printf(true,"~<~%~7a~>","K"),
446    printf(true,"~{~12a~}",
         ["X_min","X_1","X_2","X_max","f_min","f_1","f_2","f_max"]),
447    while true do (
448      printf(true,"~%~4d",K),
449      printf(true,"~{~12,4e~}",
         [float(Xmin),float(X1),float(X2),float(Xmax),float(Fmin),
450      float(FX1),float(FX2),float(Fmax)]),
451      K : K + 1,
452      if (K > N) then return(),
453      if (FX1 > FX2) then (
454        Xmin : X1,
455        Fmin : FX1,
456        X1 : X2,
457        FX1 : FX2,
458        X2 : Xmax - tau*(Xmax - Xmin),
459        FX2 : func(X2)
460      ) else (
461        Xmax : X2,
462        Fmax : FX2,
463        X2 : X1,
464        FX2 : FX1,
465        X1 : Xmin + tau*(Xmax - Xmin),
466        FX1 : func(X1)
467      )
468    ),
469    return()
470  )$
471
472  /*
473  Constrained functions of several variables
```

```
474  Using Newton's Method
475  The exterior penalty function method
476
477  Inputs:
478  func_obj : Objective function
479  no_of_vars : Total number of variables
480  X_0 : Vector of start values
481  alpha_0 : Initial scaling parameter (alpha)
482  gamma_value : Value of the scaling parameter (gamma)
483  eps : Tolerance value
484  criterion : Convergence criterion  (max_iter, abs_change,
        rel_change or Kuhn_Tucker)
485  print_switch : Prints the output if true
486
487  Output:
488  x_extr_new : The extremum value
489  f_extr_new : The function value at the extremum
490  */
491  Newton_multi_variable_constrained(func_obj,no_of_vars,X_0,alpha_0,
492  eps,r_p_0, gamma_value,criterion,print_switch) :=
493  block([i, r_p, X_new_value, X_old_value, p, p_grad, p_hess, g,
        g_grad, g_hess],
494
495    for i:1 thru no_of_vars do X[i] : X[i],
496
497    /* if g and h exist, calculate p(x) and q(x) */
498    if (unknown(g[1])) then (
499      len_g : length(listarray(g)),
500      p : sum(unit_step(g[m](X))*g[m](X)^2,m,1,len_g),
501      p_grad : sum(unit_step(g[m](X))*gradient(g[m](X)^2,
        listarray(X)),m,1,len_g),
502      p_hess : sum(unit_step(g[m](X))*hessian(g[m](X)^2,
        listarray(X)),m,1,len_g)
503    ),
504
505    if (unknown(h[1])) then (
506      len_h : length(listarray(h)),
507      q : sum(h[k](X)^2,k,1,len_h),
508      q_grad : sum(gradient(h[k](X)^2,listarray(X)),k,1,len_h),
509      q_hess : sum(hessian(h[k](X)^2,listarray(X)),k,1,len_h)
510    ),
511
512    /* determine the pseudo-objective function */
513    func : func_obj(X),
514    func_grad : gradient(func, listarray(X)),
515    func_hess : hessian(func, listarray(X)),
516
517    check_constrained : true, /* convergence check variable for
        the constrained problem */
518    x_extr_old : copy(X_0),
519    r_p : r_p_0,
520    while (check_constrained) do (
521      if ( unknown(g[1]) and unknown(h[1]) ) then (
522        func : func_obj(X) + r_p*p + r_p*q,
```

```
523        func_grad : gradient(func_obj(X), listarray(X)) +
         r_p*p_grad + r_p*q_grad,
524        func_hess : hessian(func_obj(X), listarray(X)) +
         r_p*p_hess + r_p*q_hess
525      ) else if ( unknown(g[1]) and not(unknown(h[1])) ) then (
526        func : func_obj(X) + r_p*p,
527        func_grad : gradient(func_obj(X), listarray(X)) +
         r_p*p_grad,
528        func_hess : hessian(func_obj(X), listarray(X)) + r_p*p_hess
529      ) else if ( not(unknown(g[1])) and unknown(h[1]) ) then (
530        func : func_obj(X) + r_p*q,
531        func_grad : gradient(func_obj(X), listarray(X)) +
         r_p*q_grad,
532        func_hess : hessian(func_obj(X), listarray(X)) + r_p*q_hess
533      ),
534
535      /* send the problem as an unconstrained one to the
         corresponding solving routine */
536      [counter,x_extr_new,f_extr_new] :
         Newton_multi_variable_unconstrained_var2(func_obj,func,func_grad,
537      func_hess,no_of_vars,X_0,alpha_0,eps,criterion,print_switch),
538
539      /* check for convergence of the solution */
540      kill(X_old_value,X_new_value),
541      for i:1 thru no_of_vars do X_new_value[i] : X[i] =
         rhs(x_extr_new[i]),
542      for i:1 thru no_of_vars do X_old_value[i] : X[i] =
         rhs(x_extr_old[i]),
543      X_new_value : listarray(X_new_value),
544      X_old_value : listarray(X_old_value),
545      f_new_constrained : at(func,X_new_value),
546      f_old_constrained : at(func,X_old_value),
547      if ( abs(f_new_constrained - f_old_constrained) < eps or
         is(gamma_value=1) ) then (
548        check_constrained : false
549      ),
550
551      x_extr_old : copy(x_extr_new),
552
553      r_p : r_p * gamma_value
554    ),
555    for i:1 thru no_of_vars do x_extr_new[i] : X[i] =
       rhs(x_extr_new[i]),
556
557    return([x_extr_new,f_extr_new])
558  )$
559
560  /*
561  Unconstrained functions of several variables
562  Using Newton's Method
563
564  Inputs:
565  func : Objective function
566  no_of_vars : Total number of variables
```

```
567  X_0 : Vector of start values
568  eps : Tolerance value
569  criterion : Convergence criterion (max_iter, abs_change,
         rel_change or Kuhn_Tucker)
570  print_switch : Prints the output if true
571
572  Output:
573  X_new : The extremum value
574  */
575  Newton_multi_variable_unconstrained(func,no_of_vars,X_0,alpha_0,eps,
576  criterion,print_switch) :=
577  block([i, X_new, X_new_value, X_old_value, counter],
578
579     for i:1 thru no_of_vars do X[i] : X[i],
580
581     /* calculate the gradient of the function (included in this
            libraray) */
582     f_grad : gradient(func(X), listarray(X)),
583
584     /* calculate the hessian of the function (uses a built-in
            maxima function)*/
585     f_hessian : hessian(func(X), listarray(X)),
586     X_old : copy(X_0),
587
588     check : true,
589     once : true,
590     counter : 0,
591     while (check) do (
592       counter : counter + 1,
593
594  /* clean memory from old values */
595       kill(X_old_value,X_new_value,X_new),
596
597  /* assign X_old_value */
598       for i:1 thru no_of_vars do X_old_value[i] : rhs(X_old[i]),
599       X_old_value : transpose(listarray(X_old_value)),
600
601  /* calculate the gradient, the Hessian, and S_old*/
602       f_hessian_value : float(at(f_hessian, X_old)),
603  /* make sure that the hessian has no "diagonal" zero values */
604       if (once) then (
605         for j : 1 thru no_of_vars do (
606           if (f_hessian_value[j,j]=0.0) then (
607             f_hessian_value[j,j] : 1E-6
608           )
609         ),
610       once : false
611       ),
612       f_grad_value : float(at(f_grad, X_old)),
613       /* calculate the invert of hessian */
614       f_hessian_inv_value : invert(f_hessian_value),
615       S_old : (-1*f_hessian_inv_value).f_grad_value,
616
617  /* find alpha_star */
```

```
618      alpha_star : alpha_old_finder(func, X_old_value, S_old,
         alpha_0, eps, counter),
619
620   /* calculate X_new_value */
621      for i:1 thru no_of_vars do X_new[i] : X_old[i] +
         alpha_star*S_old[i][1],
622      X_new : listarray(X_new),
623      for i:1 thru no_of_vars do X_new_value[i] : X[i] =
         rhs(X_new[i]),
624      X_new_value : listarray(X_new_value),
625
626   /* check if the solution is converged */
627      f_old : at(func(X),X_old),
628      f_new : at(func(X),X_new_value),
629      if (print_switch) then (
630        print(i=counter,X=X_new_value,"func(X)"=f_new)
631      ),
632      /* convergence criterion */
633      if (criterion = "max_iter") then (
634        if (counter=maximum_iteration) then check : false
635      ) elseif (criterion = "abs_change") then (
636        if (abs(f_new-f_old)<eps) then check : false
637      ) elseif (criterion = "rel_change") then (
638        if ((abs(f_new-f_old)/max(f_new,10^-10))<eps) then check : false
639      ) elseif (criterion = "Kuhn_Tucker") then (
640        f_grad_value_new : float(at(f_grad, X_new_value)),
641        check : false,
642        for i:1 thru no_of_vars do (
643          if (abs(f_grad_value_new[i])>eps) then check : true
644        )
645      ),
646
647      /* update X_old if the solution is not converged*/
648      if (check) then (
649        for i:1 thru no_of_vars do X_old[i] : X[i] = rhs(X_new[i]),
650        alpha_0 : copy(alpha_star)
651      )
652    ),
653    printf(true,"Converged after ~d iterations!", counter),
654    return(X_new)
655  )$
656
657  /*
658  Unconstrained functions of several variables
659  Using Newton's Method
660  Variation 2
661
662  Purpose:
663  This function works the same as
         *Newton_multi_variable_unconstrained*, with the difference
         that now the pseudo-objective function is also an input
664
```

```
665  Inputs:
666  func_obj : Objective function
667  func : Pseudo-objective function
668  func_grad : Gradient of the pseudo-objective function
669  func_hess : Hessian of the pseudo-objective function
670  no_of_vars : Total number of variables
671  X_0 : Vector of start values
672  alpha_0 : Initial scaling parameter (alpha)
673  eps : Tolerance value
674  criterion : Convergence criterion  (max_iter, abs_change,
        rel_change or Kuhn_Tucker)
675  print_switch : Prints the output if true
676
677  Output:
678  counter : Total number of iterations required for convergence
679  X_new : The extremum value
680  f_new : The function value at the extremum
681  */
682  Newton_multi_variable_unconstrained_var2(func_obj,func,func_grad,
683  func_hess,no_of_vars,X_0,alpha_0,eps,criterion,print_switch) :=
684  block([i, X_new, X, alpha_star],
685
686    for i:1 thru no_of_vars do X[i] : X[i],
687
688    X_old : copy(X_0),
689
690    alpha_0_store : copy(alpha_0),
691
692    check : true,
693    once : true,
694    counter : 0,
695
696    while (check) do (
697      counter : counter + 1,
698
699  /* clean memory from old values */
700      kill(X_old_value,X_new_value,X_new,S_old),
701
702  /* assign X_old_value */
703      for i:1 thru no_of_vars do X_old_value[i] : rhs(X_old[i]),
704      X_old_value : transpose(listarray(X_old_value)),
705
706  /* calculate the gradient, the Hessian and S_old*/
707      f_hessian_value : float(at(func_hess, X_old)),
708      if (once) then (
709        for j : 1 thru no_of_vars do (
710          if (f_hessian_value[j,j]=0.0) then (
711            f_hessian_value[j,j] : 1E-6
712          )
713        ),
714      once : false
715      ),
716      f_grad_value : float(at(func_grad, X_old)),
717      /* calculate the invert of hessian */
718      f_hessian_inv_value : invert(f_hessian_value),
```

```
719        S_old : (-1*f_hessian_inv_value).f_grad_value,
720
721    /* find alpha_star */
722        alpha_star : alpha_old_finder_var2(func_obj, X_old_value,
           S_old, alpha_0_store, eps, counter),
723
724    /* calculate X_new_value */
725        for i:1 thru no_of_vars do X_new[i] : X_old[i] +
           alpha_star*S_old[i][1],
726        X_new : listarray(X_new),
727        for i:1 thru no_of_vars do X_new_value[i] : X[i] =
           rhs(X_new[i]),
728        X_new_value : listarray(X_new_value),
729
730    /* check if the solution is converged */
731        f_old : at(func,X_old),
732        f_new : at(func,X_new_value),
733        if (print_switch) then (
734          print(i=counter,X=X_new_value,"func(X)"=float(f_new))
735        ),
736        /* convergence criterion */
737        if (criterion = "max_iter") then (
738          if (counter=maximum_iteration) then check : false
739        ) elseif (criterion = "abs_change") then (
740          if (abs(f_new-f_old)<eps) then check : false
741        ) elseif (criterion = "rel_change") then (
742          if ((abs(f_new-f_old)/max(f_new,10^-10))<eps) then check :
             false
743        ) elseif (criterion = "Kuhn_Tucker") then (
744          f_grad_value_new : float(at(func_grad, X_new_value)),
745          check : false,
746          for i:1 thru no_of_vars do (
747            if (abs(f_grad_value_new[i])>eps) then
748            (
749            check : true
750            )
751          )
752        ),
753
754        /* update X_old if the solution is not converged*/
755        if (check) then (
756          for i:1 thru no_of_vars do X_old[i] : X[i] = rhs(X_new[i]),
757          alpha_0_store : copy(alpha_star)
758        )
759      ),
760    printf(true,"Converged after ~d iterations!", counter),
761    return([counter,X_new,f_new])
762  )$
763
764  /*
765  Newton's Method (variation 1)
766  Constrained functions of one variable
767  The exterior penalty function method
768
```

```
769  Inputs:
770  Xmin : Minimum value of X
771  Xmax : Maximum value of X
772  X0 : Start value
773  eps : Tolerance
774  r_p_0 : Initial penalty factor
775  gamma_value : Scaling parameter for r_p
776
777  Output:
778  X_extr_new : The extremum value
779  */
780  Newton_one_variable_constrained_exterior_penalty(Xmin, Xmax, X0,
        eps, r_p_0, gamma_value) :=
781  block([r_p],
782    /* tolerance */
783    tol : 0.001,
784
785    /* if g and h exist, calculate p(x) and q(x) */
786    if (unknown(g[1])) then (
787      len_g : length(listarray(g)),
788      p(x) := sum(unit_step(g[m](x))*g[m](x)^2,m,1,len_g),
789      dp(x) :=
        sum(unit_step(g[m](x))*diff(g[m](x)^2,x,1),m,1,len_g),
790      ddp(x) :=
        sum(unit_step(g[m](x))*diff(g[m](x)^2,x,2),m,1,len_g)
791    ),
792    if (unknown(h[1])) then (
793      len_h : length(listarray(h)),
794      q(x) := sum(h[k](x)^2,k,1,len_g),
795      dq(x) := sum(diff(h[k](x)^2,x,1),k,1,len_g),
796      ddq(x) := sum(diff(h[k](x)^2,x,2),k,1,len_g)
797    ),
798    func(x) := f(x),
799    dfunc(x) := diff(f(x),x,1),
800    ddfunc(x) := diff(f(x),x,2),
801    check : true,
802    X_extr_old : X0,
803    r_p : r_p_0,
804    while (check) do (
805      if ( unknown(g[1]) and unknown(h[1]) ) then (
806        kill(func,dfunc,ddfunc),
807        func(x) := f(x) + r_p*p(x) + r_p*q(x),
808        dfunc(x) := diff(f(x),x,1) + r_p*dp(x) + r_p*dq(x),
809        ddfunc(x) := diff(f(x),x,2) + r_p*ddp(x) + r_p*ddq(x)
810      ) else if ( unknown(g[1]) and not(unknown(h[1])) ) then (
811        kill(func,dfunc,ddfunc),
812        func(x) := f(x) + r_p*p(x),
813        dfunc(x) := diff(f(x),x,1) + r_p*dp(x),
814        ddfunc(x) := diff(f(x),x,2) + r_p*ddp(x)
815      ) else if ( not(unknown(g[1])) and unknown(h[1]) ) then (
816        kill(func,dfunc,ddfunc),
817        func(x) := f(x) + r_p*q(x),
818        dfunc(x) := diff(f(x),x,1) + r_p*dq(x),
819        ddfunc(x) := diff(f(x),x,2) + r_p*ddq(x)
```

```
820        ),
821        [X_extr_new,n_iter] :
           Newton_one_variable_constrained_exterior_penalty_var2(Xmin,
           Xmax, X0, eps, false),
822        printf(true, "~% r_p: ~,6f , X_extr: ~,6f , Number of
           iterations: ~d", r_p, float(X_extr_new), n_iter),
823        if ( abs(X_extr_new - X_extr_old) < tol or is(gamma_value=1)
           ) then (
824          check : false
825        ),
826        X_extr_old : X_extr_new,
827        r_p : r_p * gamma_value
828      ),
829      return(X_extr_new)
830  ) $
831
832  /*
833  Newton's Method (variation 2)
834  Constrained functions of one variable
835  The exterior penalty function method
836
837  Inputs:
838  Xmin : Minimum value of X
839  Xmax : Maximum value of X
840  X0 : Start value
841  eps : Tolerance
842  print_swtich : Prints the output if TRUE
843
844  Output:
845  X_extr : The extremum value
846  i : Total number of iterations
847  */
848  Newton_one_variable_constrained_exterior_penalty_var2(Xmin,
         Xmax, X0, eps, print_switch) :=
849  block([Xold, Xnew, i, linear_of, X_extr],
850    linear_of : false,
851    if (ddfunc(X)=0) then ( linear_of : true ),
852    if (linear_of) then (
853      i : 1,
854      if (func(Xmin)<=func(Xmax)) then (
855        X_extr : Xmin
856      ) else (
857        X_extr : Xmax
858      )
859    ) else (
860    i : 0,
861    Xold : X0,
862    check : true,
863    while (check) do (
864      i : i + 1,
865      Xnew : Xold -
         bfloat(at(ddfunc(X),X=Xold))^(-1)*bfloat(at(dfunc(X),X=Xold)),
866      if (abs(Xnew-Xold)<eps) then (
867        X_extr : Xnew,
```

```
868      check : false
869    ) else (
870      if (Xnew <= Xmax and Xnew>=Xmin) then (
871        Xold : Xnew
872      ) else (
873        if (func(Xmin)<=func(Xmax)) then (
874          X_extr : Xmin
875        ) else (
876          X_extr : Xmax
877        ),
878        check : false
879      )
880    )
881  ) ),
882  if (print_switch) then (
883    printf(true, "~% X_extr = ~12,4e ( i = ~d )", float(X_extr),i)
884  ),
885  return([X_extr, i])
886 )$
887
888 /*
889 Newton's Method for an unconstrained minimum
890
891 Inputs:
892 Xmin : Minimum value of X
893 Xmax : Maximum value of X
894 X0 : Start value
895 eps : Tolerance
896 print_swtich : Prints the output if TRUE
897
898 Output:
899 X_extr : The extremum value
900 i : Total number of iterations
901 */
902 Newton_one_variable_unconstrained(Xmin, Xmax, X0, eps,
         print_switch) :=
903 block([Xold, Xnew, i, linear_of],
904   linear_of : false,
905   if (diff(func(X),X,2)=0) then ( linear_of : true ),
906   if (linear_of) then (
907     i : 1,
908     if (func(Xmin)<=func(Xmax)) then (
909       X_extr : Xmin
910     ) else (
911       X_extr : Xmax
912     )
913   ) else (
914   i : 0,
915   Xold : X0,
916   check : true,
917   while (check) do (
918     i : i + 1,
```

```
919      Xnew : Xold -
         bfloat(at(diff(func(X),X,2),X=Xold))^(-1)*bfloat
920      (at(diff(func(X),X,1),X=Xold)),
921      if (abs(Xnew-Xold)<eps) then (
922        X_extr : Xnew,
923        check : false
924      ) else (
925        if (Xnew <= Xmax and Xnew>=Xmin) then (
926          Xold : Xnew
927        ) else (
928          if (func(Xmin)<=func(Xmax)) then (
929            X_extr : Xmin
930          ) else (
931            X_extr : Xmax
932          ),
933          check : false
934        )
935      )
936    ) ),
937    if (print_switch) then (
938      printf(true, "~% X_extr = ~12,4e ( i = ~d )", float(X_extr),
         i)
939    ),
940    return([X_extr, i])
941  )$
942
943  /*
944  Newton's Method for an unconstrained minimum
945  with table output (see Module 2.11)
946
947  Inputs:
948  Xmin : Minimum value of X
949  Xmax : Maximum value of X
950  X0 : Start value
951  eps : Tolerance
952  print_swtich : Prints the output if TRUE
953
954  Output:
955  X_extr : The extremum value
956  i : Total number of iterations
957  */
958  Newton_one_variable_unconstrained_table(Xmin, Xmax, X0, eps) :=
959  block([Xold, Xnew, i, linear_of],
960    linear_of : false,
961    if (diff(func(X),X,2)=0) then ( linear_of : true ),
962    if (linear_of) then (
963      i : 1,
964      if (func(Xmin)<=func(Xmax)) then (
965        X_extr : Xmin
966      ) else (
967        X_extr : Xmax
968      )
969    ) else (
970    i : 0,
```

```
971     Xold : X0,
972     printf(true, "~%~5d  ~,8f  ~,8f", i, Xold, at(func(X),X=Xold)),
973     check : true,
974     while (check) do (
975       i : i + 1,
976       Xnew : Xold -
          at(diff(func(X),X,2),X=Xold)^(-1)*at(diff(func(X),X,1),X=Xold),
977       printf(true, "~%~5d  ~,8f  ~,8f", i, Xnew,
          at(func(X),X=Xnew)),
978       if (abs(Xnew-Xold)<eps) then (
979         X_extr : Xnew,
980         check : false
981       ) else (
982         if (Xnew <= Xmax and Xnew>=Xmin) then (
983           Xold : Xnew
984         ) else (
985           if (func(Xmin)<=func(Xmax)) then (
986             X_extr : Xmin
987           ) else (
988             X_extr : Xmax
989           ),
990           check : false
991         )
992       )
993     ) ),
994     return(X_extr)
995   )$
996
997   /*
998   Constrained functions of one variable
999   The exterior penalty function method
1000
1001   Inputs:
1002   Xmin : Minimum value of X
1003   Xmax : Maximum value of X
1004   X0 : Start value
1005   n : Total number of function evaluations
1006   alpha : Scaling parameter
1007   r_p_0 : Initial penalty factor
1008   gamma_value : Scaling parameter for r_p
1009
1010   Output:
1011   X_extr_new : The extremum value
1012   */
1013   one_variable_constrained_exterior_penalty(Xmin, Xmax, X0, n,
          alpha, r_p_0, gamma_value) :=
1014   block([r_p],
1015     /* tolerance */
1016     tol : 0.001,
1017
1018     /* if g and h exist, calculate p(x) and q(x) */
1019     if (unknown(g[1])) then (
1020       len_g : length(listarray(g)),
1021       /*p(x) := sum(unit_step(g[m](x))*g[m](x)^2,m,1,len_g)*/
```

```
     p(x) := sum(max(0,g[m](x))^2,m,1,len_g)
   ),
   if (unknown(h[1])) then (
     len_h : length(listarray(h)),
     q(x) := sum(h[k](x)^2,k,1,len_g)
   ),

   /* determine the pseudo-objective function */
   func(x) := f(x),
   check : true,
   X_extr_old : X0,
   r_p : r_p_0,
   while (check) do (
     if ( unknown(g[1]) and unknown(h[1]) ) then (
       kill(func),
       func(x) := f(x) + r_p*p(x) + r_p*q(x)
     ) else if ( unknown(g[1]) and not(unknown(h[1])) ) then (
       kill(func),
       func(x) := f(x) + r_p*p(x)
     ) else if ( not(unknown(g[1])) and unknown(h[1]) ) then (
       kill(func),
       func(x) := f(x) + r_p*q(x)
     ),
     [X_extr_new,n_iter] : bf_ver2_varN(Xmin, Xmax, X0, n, alpha,
     false),
     printf(true, "~% r_p: ~,6f , X_extr: ~,6f , Number of
     iterations: ~d", r_p, X_extr_new, k),
     if ( abs(X_extr_new - X_extr_old) < tol or is(gamma_value=1)
     ) then (
       check : false
     ),
     X_extr_old : X_extr_new,
     r_p : r_p * gamma_value
   ),
   return(X_extr_new)
) $

/*
Constrained functions of one variable
The interior penalty function method

Inputs:
Xmin : Minimum value of X
Xmax : Maximum value of X
X0 : Start value
n : Total number of function evaluations
alpha : Scaling parameter
r_p_0_prime : Initial penalty factor for inequality constraints
r_p_0 : Initial penalty factor for equality constraints
gamma_value : Scaling parameter for r_p
cal_type : Calculation type (Fractional or Logarithmic)

Output:
X_extr_new : The extremum value
```

```
1073  */
1074  one_variable_constrained_interior_penalty(Xmin, Xmax, X0, n,
           alpha, r_p_0, r_p_0_prime, gamma_value, cal_type) :=
1075  block([r_p],
1076    /* tolerance */
1077    tol : 0.001,
1078
1079    /* if g and h exist, calculate p(x) and q(x) */
1080    if (unknown(g[1])) then (
1081      len_g : length(listarray(g)),
1082      if (equal(cal_type,"Fractional")) then (
1083        p(x) := sum(-1/(g[m](x)),m,1,len_g)
1084      ) else if (equal(cal_type,"Logarithmic")) then (
1085        p(x) := sum(-log(-g[m](x)),m,1,len_g)
1086      )
1087    ),
1088    if (unknown(h[1])) then (
1089      len_h : length(listarray(h)),
1090      q(x) := sum(h[k](x)^2,k,1,len_g)
1091    ),
1092    func(x) := f(x),
1093    check : true,
1094    X_extr_old : X0,
1095    r_p : r_p_0,
1096    r_p_prime : r_p_0_prime,
1097    while (check) do (
1098      if ( unknown(g[1]) and unknown(h[1]) ) then (
1099        func(x) := f(x) + r_p_prime*p(x) + r_p*q(x)
1100      ) else if ( unknown(g[1]) and not(unknown(h[1])) ) then (
1101        func(x) := f(x) + r_p_prime*p(x)
1102      ) else if ( not(unknown(g[1])) and unknown(h[1]) ) then (
1103        func(x) := f(x) + r_p*q(x)
1104      ),
1105      [X_extr_new,n_iter] : bf_ver2_varN(Xmin, Xmax, X0, n, alpha,
         false),
1106      printf(true, "~% X_0: ~,6f , r_p_prime: ~,6f , X_extr: ~,6f
         , Number of iterations: ~d", X0, r_p_prime, X_extr_new, k),
1107      if ( abs(X_extr_new - X_extr_old) < tol or is(gamma_value=1)
         ) then (
1108        check : false
1109      ),
1110      X_extr_old : X_extr_new,
1111      r_p : r_p * gamma_value
1112    ),
1113    return(X_extr_new)
1114  )$
1115
1116  /*
1117  Sign determination for the range detection algorithm
1118  Uses the mid-point of each range to find the sign (positive,
         negative) of the function in that range
1119  The main idea here is that the function will not change its sign
         in the ranges defined by its roots
1120
```

```
1121   Inputs:
1122   X1 : Minimum X value in the range
1123   X2 : Maximum X value in the range
1124
1125   Output:
1126
1127   */
1128   one_variable_constrained_one_variable_constrained_sign_detector(X1,X2)
          :=
1129   block( [],
1130       /* probe point */
1131       xprob : (X1+X2)/2,
1132       /* sign detection */
1133       kill(func,p,q,temp_g,temp_h),
1134       zerofun(X) := 0,
1135       temp_g : copy(g),
1136       if (unknown(temp_g[1])) then (
1137         /* remove not-participating constrains from g */
1138         len_g : length(listarray(temp_g)),
1139         for k : 1 thru len_g do (
1140           temp_g[k] : copy(g[k]),
1141           if not(sign(temp_g[k](xprob)) = pos) then (
1142             temp_g[k] : copy(zerofun)
1143           )
1144         ),
1145         len_g : length(listarray(temp_g)),
1146         /*p(X) := sum(unit_step(g[m](X))*g[m](X)^2,m,1,len_g)*/
1147         p(X) := sum((temp_g[m](X))^2,m,1,len_g)
1148       ),
1149       temp_h : copy(h),
1150       if (unknown(h[1])) then (
1151         /* remove not-participating constrains from h */
1152         len_h : length(listarray(temp_h)),
1153         for k : 1 thru len_h do (
1154           temp_h[k] : copy(h[k]),
1155           if not(sign(temp_h[k](xprob)) = pos) then (
1156             temp_h[k] : copy(zerofun)
1157           )
1158         ),
1159         len_h : length(listarray(temp_h)),
1160         q(X) := sum(h[k](X)^2,k,1,len_h)
1161       ),
1162       func(X) := f(X),
1163       if ( unknown(g[1]) and unknown(h[1]) ) then (
1164         kill(func),
1165         func(X) := f(X) + r_p*p(X) + r_p*q(X)
1166       ) else if ( unknown(g[1]) and not(unknown(h[1])) ) then (
1167         kill(func),
1168         func(X) := f(X) + r_p*p(X)
1169       ) else if ( not(unknown(g[1])) and unknown(h[1]) ) then (
1170         kill(func),
1171         func(X) := f(X) + r_p*q(X)
1172       ),
1173       return()
1174   )$
1175
```

```
1176  /*
1177  Range detection algorithm for constrained problems with one
          variable
1178  To show the function in different ranges
1179  These ranges are defined based on the roots of the objective
          function
1180
1181  needs load(to_poly_solve),  /* to check if all the roots are
          real (isreal_p(x))) */
1182
1183  Inputs:
1184
1185  Output:
1186  Prints out the available ranges
1187  */
1188  one_variable_constrained_range_detection() :=
1189  block([],
1190    root_vasymps_s : makelist(),
1191    if (unknown(g[1])) then (
1192      len_g : length(listarray(g)),
1193      for i : 1 thru len_g do (
1194        /* find the roots */
1195        roots_g : solve(num(ratsimp(g[i](X)))=0,X),
1196        /* find the vertical asymptotes */
1197        vasymps_g : solve(denom(ratsimp(g[i](X)))=0,X),
1198        for j : 1 thru length(roots_g) do (
1199          if (isreal_p(roots_g[j]) and rhs(roots_g[j])>Xmin and
      rhs(roots_g[j])<Xmax) then (
1200            root_vasymps_s : cons(rhs(roots_g[j]),root_vasymps_s)
1201          )
1202        ),
1203        for j : 1 thru length(vasymps_g) do (
1204          if (isreal_p(vasymps_g[j]) and rhs(vasymps_g[j])>Xmin
      and rhs(vasymps_g[j])<Xmax) then (
1205            root_vasymps_s : cons(rhs(vasymps_g[j]),root_vasymps_s)
1206          )
1207        )
1208      )
1209    ),
1210    if (unknown(h[1])) then (
1211      len_h : length(listarray(h)),
1212      for i : 1 thru len_h do (
1213        /* find the roots */
1214        roots_h : solve(num(ratsimp(h[i](X)))=0,X),
1215        /* find the vertical asymptotes */
1216        vasymps_h : solve(denom(ratsimp(h[i](X)))=0,X),
1217        for j : 1 thru length(roots_h) do (
1218          if (isreal_p(roots_h[j]) and rhs(roots_h[j])>Xmin and
      rhs(roots_h[j])<Xmax) then (
1219            root_vasymps_s : cons(rhs(roots_h[j]),root_vasymps_s)
1220          )
1221        ),
```

```
1222        for j : 1 thru length(vasymps_h) do (
1223            if (isreal_p(vasymps_h[j]) and rhs(vasymps_h[j])>Xmin
       and rhs(vasymps_h[j])<Xmax) then (
1224                root_vasymps_s : cons(rhs(vasymps_h[j]),root_vasymps_s)
1225            )
1226        )
1227    )
1228    ),
1229    kill(r_p),
1230    /* remove duplicate roots and asymptotes */
1231    root_vasymps_temp : setify(root_vasymps_s),
1232    /* assign root_vasymps_temp arguments to root_vasymps_s */
1233    root_vasymps_s : args(root_vasymps_temp),
1234    /* sort the components from the lowest to the highest */
1235    root_vasymps_s : sort(root_vasymps_s,ordermagnitudep),
1236    print(" "),
1237    printf(true, "~% For ~,6f < X < ~,6f :", Xmin,
       root_vasymps_s[1]),
1238    print(" "),
1239    /* Calcualtion of the pseudo-function for different ranges */
1240    one_variable_constrained_one_variable_constrained_sign_detector(Xmin,
1241    root_vasymps_s[1]),
1242    print(%Phi, "=", func(X)),
1243    len_root : length(root_vasymps_s),
1244    if (len_root > 1) then (
1245      for i : 1 thru (len_root-1) do(
1246        if not(root_vasymps_s[i]=root_vasymps_s[i+1]) then (
1247            print(" "),
1248            printf(true, "~% For ~,6f < X < ~,6f :",
              root_vasymps_s[i], root_vasymps_s[i+1]),
1249            print(" "),
1250            one_variable_constrained_one_variable_constrained_sign_detector
1251            (root_vasymps_s[i],
1252            root_vasymps_s[i+1]),
1253            print(%Phi, "=",func(X))
1254        )
1255      )
1256    ),
1257    print(" "),
1258    printf(true, "~% For ~,6f < X < ~,6f :",
       root_vasymps_s[len_root], Xmax),
1259    print(" "),
1260    one_variable_constrained_one_variable_constrained_sign_detector
1261    (root_vasymps_s
1262    [len_root],Xmax),
1263    print(%Phi, "=",func(X)),
1264    kill(root_vasymps_s),
1265    return()
1266 )$
1267
1268 /*
1269 Pseudo-function calculator for interior penalty method
1270
```

```
1271  Inputs:
1272  cal_type : type of calculation for different formulations
1273  Fractional or Logarithmic
1274
1275  Output:
1276  */
1277  pseudo_function_interior_penalty(cal_type) :=
1278  block([],
1279
1280    /* if g and h exist, calculate p(x) and q(x) */
1281    if (unknown(g[1])) then (
1282      len_g : length(listarray(g)),
1283      if (equal(cal_type,"Fractional")) then (
1284        p(x) := sum(-1/(g[m](x)),m,1,len_g)
1285      ) else if (equal(cal_type,"Logarithmic")) then (
1286        p(x) := sum(-log(-g[m](x)),m,1,len_g)
1287      )
1288    ),
1289
1290    if (unknown(h[1])) then (
1291      len_h : length(listarray(h)),
1292      q(x) := sum(h[k](x)^2,k,1,len_g)
1293    ),
1294    func(x) := f(x),
1295    if ( unknown(g[1]) and unknown(h[1]) ) then (
1296      func(x) := f(x) + r_p_prime*p(x) + r_p*q(x)
1297    ) else if ( unknown(g[1]) and not(unknown(h[1])) ) then (
1298      func(x) := f(x) + r_p_prime*p(x)
1299    ) else if ( not(unknown(g[1])) and unknown(h[1]) ) then (
1300      func(x) := f(x) + r_p*q(x)
1301    ),
1302    return()
1303  )$
1304
1305  /*
1306  Constrained functions of several variables
1307  Using the Steepest Descent Method
1308  The exterior penalty function method
1309
1310  Inputs:
1311  func_obj : Objective function
1312  no_of_vars : Total number of variables
1313  X_0 : Vector of start values
1314  alpha_0 : Initial scaling parameter (alpha)
1315  gamma_value : Value of the scaling parameter (gamma)
1316  eps : Tolerance value
1317  criterion : Convergence criterion  (max_iter, abs_change,
1318      rel_change or Kuhn_Tucker)
1319  print_switch : Prints the output if true
1320
1321  Output:
1322  x_extr_new : The extremum value
1323  f_extr_new : The function value at the extremum
      */
```

```
1324  steepest_multi_variable_constrained(func_obj,no_of_vars,X_0,
1325  alpha_0,eps,r_p_0, gamma_value,criterion,print_switch) :=
1326  block([ i, r_p, X_new_value, X_old_value],
1327
1328    for i:1 thru no_of_vars do X[i] : X[i],
1329
1330    /* if g and h exist, calculate p(x) and q(x) */
1331    if (unknown(g[1])) then (
1332      len_g : length(listarray(g)),
1333      p(X) := sum(unit_step(g[m](X))*g[m](X)^2,m,1,len_g),
1334      p_grad(X) := sum(unit_step(g[m](X))*gradient(g[m](X)^2,
1335      listarray(X)),m,1,len_g)
       ),
1336
1337    if (unknown(h[1])) then (
1338      len_h : length(listarray(h)),
1339      q(X) := sum(h[k](X)^2,k,1,len_h),
1340      q_grad(X) := sum(gradient(h[k](X)^2,listarray(X)),k,1,len_h)
1341    ),
1342
1343    /* determine the pseudo-objective function */
1344    func(X) := func_obj(X),
1345    func_grad : gradient(func(X), listarray(X)),
1346
1347    check_constrained : true, /* convergence check variable for
         the constrained problem */
1348    x_extr_old : copy(X_0),
1349    r_p : r_p_0,
1350    while (check_constrained) do (
1351      if ( unknown(g[1]) and unknown(h[1]) ) then (
1352        kill(func,func_grad),
1353        func(X) := func_obj(X) + r_p*p(X) + r_p*q(X),
1354        func_grad : gradient(func(X), listarray(X)) +
         r_p*p_grad(X) + r_p*q_grad(X)
1355      ) else if ( unknown(g[1]) and not(unknown(h[1])) ) then (
1356        remvalue(func,func_grad),
1357        func(X) := func_obj(X) + r_p*p(X),
1358        func_grad : gradient(func_obj(X), listarray(X)) +
         r_p*p_grad(X)
1359      ) else if ( not(unknown(g[1])) and unknown(h[1]) ) then (
1360        kill(func,func_grad),
1361        func(X) := func_obj(X) + r_p*q(X),
1362        func_grad : gradient(func(X), listarray(X)) + r_p*q_grad(X)
1363      ),
1364
1365    /* send the problem as an unconstrained one to the
         corresponding solving routine */
1366      [counter,x_extr_new,f_extr_new] :
         steepest_multi_variable_unconstrained_var2(func_obj,func,func_grad,
1367      no_of_vars,X_0,alpha_0,eps,criterion,print_switch),
1368
1369    /* check for convergence of the solution */
1370    kill(X_old_value,X_new_value),
```

```
1371     for i:1 thru no_of_vars do X_new_value[i] : X[i] =
         rhs(x_extr_new[i]),
1372     for i:1 thru no_of_vars do X_old_value[i] : X[i] =
         rhs(x_extr_old[i]),
1373     X_new_value : listarray(X_new_value),
1374     X_old_value : listarray(X_old_value),
1375     f_new_constrained : at(func,X_new_value),
1376     f_old_constrained : at(func,X_old_value),
1377     if ( abs(f_new_constrained - f_old_constrained) < eps or
         is(gamma_value=1) ) then (
1378       check_constrained : false
1379     ),
1380
1381     x_extr_old : copy(x_extr_new),
1382
1383     r_p : r_p * gamma_value
1384   ),
1385
1386   for i:1 thru no_of_vars do x_extr_new[i] : X[i] =
       rhs(x_extr_new[i]),
1387
1388   return([x_extr_new,f_extr_new])
1389 )$
1390
1391 /*
1392 Unconstrained functions of several variables
1393 Using the Steepest Descent Method
1394
1395 Inputs:
1396 func : Objective function
1397 no_of_vars : Total number of variables
1398 X_0 : Vector of start values
1399 eps : Tolerance value
1400 criterion : Convergence criterion  (max_iter, abs_change,
         rel_change or Kuhn_Tucker)
1401 print_switch : Prints the output if true
1402
1403 Output:
1404 X_new : The extremum value
1405 */
1406 steepest_multi_variable_unconstrained(func,no_of_vars,X_0,alpha_0,eps,
1407 criterion,print_switch) :=
1408 block([i, X_new],
1409
1410   for i:1 thru no_of_vars do X[i] : X[i],
1411
1412   /* calculate the gradient of the function (included in this
         libraray) */
1413   f_grad : gradient(func(X), listarray(X)),
1414
1415   X_old : copy(X_0),
1416
1417   check : true,
1418   once : true,
```

```
1419    counter : 0,
1420    while (check) do (
1421      counter : counter + 1,
1422
1423    /* clean memory from old values */
1424      kill(X_old_value,X_new_value,X_new),
1425
1426    /* assign X_old_value */
1427      for i:1 thru no_of_vars do X_old_value[i] : rhs(X_old[i]),
1428      X_old_value : transpose(listarray(X_old_value)),
1429
1430    /* calculate the gradient and S_old*/
1431      f_grad_value : float(at(f_grad, X_old)),
1432      S_old : -1*f_grad_value,
1433      S_old : transpose(S_old),
1434
1435    /* find alpha_star */
1436      alpha_star : alpha_old_finder(func, X_old_value, S_old,
                 alpha_0, eps, counter),
1437
1438    /* calculate X_new_value */
1439      for i:1 thru no_of_vars do X_new[i] : X_old[i] +
                 alpha_star*S_old[i][1],
1440      X_new : listarray(X_new),
1441      for i:1 thru no_of_vars do X_new_value[i] : X[i] =
                 rhs(X_new[i]),
1442      X_new_value : listarray(X_new_value),
1443
1444    /* check if the solution is converged */
1445      f_old : at(func(X),X_old),
1446      f_new : at(func(X),X_new_value),
1447      if (print_switch) then (
1448        print(i=counter,X=X_new_value,"func(X)"=f_new)
1449      ),
1450      /* convergence criterion */
1451      if (criterion = "max_iter") then (
1452        if (counter=maximum_iteration) then check : false
1453      ) elseif (criterion = "abs_change") then (
1454        if (abs(f_new-f_old)<eps) then check : false
1455      ) elseif (criterion = "rel_change") then (
1456        if ((abs(f_new-f_old)/max(f_new,10^-10))<eps) then check :
                 false
1457      ) elseif (criterion = "Kuhn_Tucker") then (
1458        f_grad_value_new : float(at(f_grad, X_new_value)),
1459        check : false,
1460        for i:1 thru no_of_vars do (
1461          if (abs(f_grad_value_new[i])>eps) then check : true
1462        )
1463      ),
1464
1465      /* update X_old if the solution is not converged*/
1466      if (check) then (
1467        for i:1 thru no_of_vars do X_old[i] : X[i] = rhs(X_new[i]),
1468        alpha_0 : copy(alpha_star)
```

```
1469        )
1470      ),
1471      printf(true,"Converged after ~d iterations!", counter),
1472      return(X_new)
1473    )$
1474
1475    /*
1476    Constrained functions of several variables
1477    Using the Steepest Descent Method
1478    Variation 2
1479    The exterior penalty function method
1480
1481    Purpose:
1482    This function works the same as
1483            *steepest_multi_variable_unconstrained*, with the difference
1484            that now the pseudo-objective function is also an input
1485
1486    Inputs:
1487    func_obj : Objective function
1488    func : Pseudo-objective function
1489    func_grad : Gradient of the pseudo-objective function
1490    no_of_vars : Total number of variables
1491    X_0 : Vector of start values
1492    alpha_0 : Initial scaling parameter (alpha)
1493    eps : Tolerance value
1494    criterion : Convergence criterion  (max_iter, abs_change,
1495            rel_change or Kuhn_Tucker)
1496    print_switch : Prints the output if true
1497
1498    Output:
1499    counter : Total number of iterations required for convergence
1500    X_new : The extremum value
1501    f_new : The function value at the extremum
1502    */
1503    steepest_multi_variable_unconstrained_var2(func_obj,func,func_grad
1504    ,no_of_vars,X_0,alpha_0,eps,criterion,print_switch) :=
1505    block([i, X_new],
1506
1507       for i:1 thru no_of_vars do X[i] : X[i],
1508
1509       X_old : copy(X_0),
1510
1511       alpha_0_store : copy(alpha_0),
1512
1513       check : true,
1514       once : true,
1515       counter : 0,
1516
1517       while (check) do (
1518          counter : counter + 1,
1519
1520    /* clean memory from old values */
1521          kill(X_old_value,X_new_value,X_new),
1522
```

```
1520    /* assign X_old_value */
1521        for i:1 thru no_of_vars do X_old_value[i] : rhs(X_old[i]),
1522        X_old_value : transpose(listarray(X_old_value)),
1523
1524    /* calculate the gradient and S_old*/
1525        f_grad_value : float(at(func_grad, X_old)),
1526        S_old : -1*f_grad_value,
1527        S_old : transpose(S_old),
1528
1529    /* find alpha_star */
1530        alpha_star : alpha_old_finder_var2(func_obj, X_old_value,
1531        S_old, alpha_0_store, eps, counter),
1532    /* calculate X_new_value */
1533        for i:1 thru no_of_vars do X_new[i] : X_old[i] +
1534        alpha_star*S_old[i][1],
1535        X_new : listarray(X_new),
1536        for i:1 thru no_of_vars do X_new_value[i] : X[i] =
1537        rhs(X_new[i]),
1538        X_new_value : listarray(X_new_value),
1539
1540    /* check if the solution is converged */
1541        f_old : at(func(X),X_old),
1542        f_new : at(func(X),X_new_value),
1543        if (print_switch) then (
1544          print(i=counter,X=X_new_value,"func(X)"=float(f_new))
1545        ),
1546        /* convergence criterion */
1547        if (criterion = "max_iter") then (
1548          if (counter=maximum_iteration) then check : false
1549        ) elseif (criterion = "abs_change") then (
1550          if (abs(f_new-f_old)<eps) then check : false
1551        ) elseif (criterion = "rel_change") then (
1552          if ((abs(f_new-f_old)/max(f_new,10^-10))<eps) then check :
1553        false
1554        ) elseif (criterion = "Kuhn_Tucker") then (
1555          f_grad_value_new : float(at(func_grad, X_new_value)),
1556          check : false,
1557          for i:1 thru no_of_vars do (
1558            if (abs(f_grad_value_new[i])>eps) then check : true
1559          )
1560        ),
1561
1562        /* update X_old if the solution is not converged*/
1563        if (check) then (
1564          for i:1 thru no_of_vars do X_old[i] : X[i] = rhs(X_new[i]),
1565          alpha_0_store : copy(alpha_star)
1566        )
1567      ),
     printf(true,"Converged after ~d iterations!", counter),
     return([counter,X_new,f_new])
    )$
```